Amar Saraswat

Aprendizagem automática para SE: técnicas, ferramentas e aplicações

Amar Saraswat

Aprendizagem automática para SE: técnicas, ferramentas e aplicações

ScienciaScripts

Imprint
Any brand names and product names mentioned in this book are subject to trademark, brand or patent protection and are trademarks or registered trademarks of their respective holders. The use of brand names, product names, common names, trade names, product descriptions etc. even without a particular marking in this work is in no way to be construed to mean that such names may be regarded as unrestricted in respect of trademark and brand protection legislation and could thus be used by anyone.

Cover image: www.ingimage.com

This book is a translation from the original published under ISBN 978-620-7-48378-5.

Publisher:
Sciencia Scripts
is a trademark of
Dodo Books Indian Ocean Ltd. and OmniScriptum S.R.L publishing group

120 High Road, East Finchley, London, N2 9ED, United Kingdom
Str. Armeneasca 28/1, office 1, Chisinau MD-2012, Republic of Moldova, Europe
Printed at: see last page
ISBN: 978-620-7-87622-8

Índice

Capítulo 1. Introdução à aprendizagem automática em engenharia de software

Introdução

O Capítulo 1 serve de porta de entrada para o mundo dinâmico onde a Aprendizagem Automática se cruza com a Engenharia de Software. Este capítulo introdutório estabelece as bases fundamentais, desvendando a essência da Aprendizagem Automática, um domínio da inteligência artificial (IA) que permite aos computadores aprender a partir de dados e fazer previsões ou tomar decisões sem programação explícita. Aqui, os leitores mergulham nos conceitos fundamentais da aprendizagem automática, adquirindo uma compreensão profunda dos seus princípios, metodologias e técnicas subjacentes. Ao explorar a forma como os algoritmos de aprendizagem automática aprendem com os dados, se adaptam a condições variáveis e melhoram o seu desempenho de forma iterativa, os leitores desenvolvem uma base sólida para navegar nas discussões subsequentes.

À medida que o capítulo progride, a atenção desloca-se para as diversas aplicações da Aprendizagem Automática na Engenharia de Software. Da análise e teste automatizados de código à manutenção preditiva e à monitorização da saúde do software, o alcance das técnicas de ML estende-se a vários domínios, revolucionando as práticas tradicionais de desenvolvimento de software. Ao apresentar exemplos do mundo real e estudos de caso, esta secção ilustra como o ML permite que os engenheiros de software criem sistemas de software inteligentes, aumentem a produtividade e optimizem o desempenho.

No entanto, entre as promessas de inovação, abundam os desafios na integração da aprendizagem automática nos fluxos de trabalho de engenharia de software. Este capítulo explora conscientemente esses desafios, que vão desde questões de qualidade dos dados à interpretabilidade dos modelos, preocupações com a escalabilidade e considerações éticas. Ao reconhecer estes desafios, os engenheiros de software estão mais bem equipados para navegar nas complexidades da integração do ML e conceber estratégias para ultrapassar potenciais obstáculos.

Apesar dos desafios, existem muitas oportunidades para tirar partido da aprendizagem automática para resolver problemas de longa data na engenharia de software. Ao melhorar a qualidade do software, acelerar os ciclos de desenvolvimento e abrir novos caminhos para a inovação, o ML apresenta um potencial transformador neste domínio. Através de uma lente virada para o futuro, este capítulo ilumina estas oportunidades, inspirando os leitores a explorar abordagens inovadoras e a abraçar o poder transformador do ML na Engenharia de Software.

Em conclusão, o Capítulo 1 de "Machine Learning for Software Engineering: Técnicas, ferramentas e aplicações" fornece uma introdução abrangente à integração da aprendizagem automática na engenharia de software. Ao elucidar os principais conceitos de ML, explorar diversas aplicações e discutir desafios e oportunidades, este capítulo equipa os leitores com o conhecimento fundamental necessário para navegar no complexo cenário do desenvolvimento de software orientado por ML.

1.1 Compreender os conceitos de aprendizagem automática

Compreender os conceitos de aprendizagem automática é fundamental para navegar no cenário em que os algoritmos orientados por dados revolucionam os paradigmas de programação tradicionais. Na sua essência, a aprendizagem automática (ML) permite que os computadores aprendam padrões e tomem decisões sem instruções explícitas de programação. Esta secção analisa os princípios fundamentais da aprendizagem automática, elucidando conceitos-chave como a aprendizagem supervisionada, a aprendizagem não supervisionada e a aprendizagem por reforço. A aprendizagem supervisionada envolve o treino de modelos em dados rotulados para prever resultados, enquanto a aprendizagem não supervisionada implica a descoberta de padrões e estruturas em dados não rotulados. A aprendizagem por reforço, por outro lado, gira em torno da aprendizagem de estratégias óptimas através de tentativa e erro com base no feedback do ambiente.

Além disso, a compreensão dos meandros do ML requer familiaridade com componentes essenciais, como características, rótulos, modelos e algoritmos. As características representam as variáveis de entrada utilizadas para fazer previsões, enquanto as etiquetas indicam a variável de saída ou de destino que está a ser prevista. Os modelos encapsulam os padrões aprendidos a partir dos dados, permitindo previsões em instâncias não vistas, e os algoritmos ditam o processo de aprendizagem, determinando a forma como os modelos são treinados e actualizados ao longo do tempo. Ao compreender estes conceitos fundamentais, os profissionais adquirem uma base sólida para navegar no panorama diversificado das técnicas e aplicações de ML.

Além disso, esta secção esclarece a distinção entre a programação tradicional e as abordagens baseadas no ML. Na programação tradicional, os programadores especificam explicitamente regras e instruções para resolver um problema, ao passo que no AM, os algoritmos aprendem autonomamente padrões e tomam decisões com base em dados. Esta mudança de paradigma, da tomada de decisões com base em regras para a tomada de decisões com base em dados, está na base do potencial transformador do ML, permitindo que os computadores realizem tarefas complexas que anteriormente estavam para além das suas capacidades.

Em conclusão, Compreender os conceitos de aprendizagem automática estabelece as bases para aprofundar o domínio em que os algoritmos aprendem com os dados. Ao compreender os princípios da aprendizagem supervisionada, não supervisionada e por reforço, bem como os componentes essenciais dos sistemas de ML, os profissionais estão equipados para aproveitar o poder dos algoritmos orientados por dados para resolver uma miríade de problemas do mundo real em Engenharia de Software e não só.

1.2 Aplicações da aprendizagem automática na engenharia de software

As aplicações da aprendizagem automática na engenharia de software abrangem um vasto espetro de capacidades transformadoras, remodelando as práticas de desenvolvimento tradicionais e acelerando a inovação em vários domínios. No domínio da engenharia de software, as técnicas de aprendizagem automática encontram aplicações em diversas áreas, desde a análise e teste automatizados de código até à manutenção preditiva, monitorização da saúde do software e muito mais.

Uma aplicação proeminente é a análise e teste automatizados de código, em que os algoritmos de aprendizagem automática analisam repositórios de código para detetar padrões, identificar erros e recomendar optimizações. Ao tirar partido dos dados históricos do código, os modelos de aprendizagem automática podem rever e refactorizar automaticamente o código, melhorando a sua qualidade, legibilidade e facilidade de manutenção. Além disso, as técnicas de teste baseadas em ML permitem a geração automática de casos de teste, a priorização de conjuntos de testes e a localização de falhas, melhorando a eficiência e a eficácia dos processos de teste de software.

Além disso, a aprendizagem automática facilita a manutenção preditiva e a monitorização do estado do software, permitindo a identificação proactiva de potenciais defeitos, estrangulamentos de desempenho e falhas do sistema. Os modelos de aprendizagem automática treinados em dados históricos do sistema podem prever defeitos de software, prever falhas do sistema e otimizar os calendários de manutenção, minimizando o tempo de inatividade e melhorando a fiabilidade do sistema. Através da monitorização e análise contínuas das métricas do sistema, os sistemas de monitorização da saúde do software baseados em ML fornecem informações em tempo real sobre o desempenho do sistema, permitindo uma intervenção atempada e a manutenção preventiva.

Além disso, as técnicas de aprendizagem automática são fundamentais para otimizar vários aspectos dos processos de desenvolvimento e implementação de software. Desde a gestão de projectos e atribuição de recursos até à otimização da implementação e aprovisionamento de recursos, os algoritmos de aprendizagem automática analisam os dados históricos do projeto, o feedback dos utilizadores e as métricas do sistema para simplificar os fluxos de trabalho de desenvolvimento, reduzir os custos e acelerar o tempo de colocação no mercado. Além disso, os sistemas de deteção de anomalias baseados em ML identificam padrões anormais no comportamento do sistema, permitindo a deteção precoce de ameaças à segurança, degradação do desempenho e outros problemas.

Essencialmente, as aplicações da aprendizagem automática na engenharia de software são diversas e de grande alcance, oferecendo oportunidades sem precedentes para aumentar a produtividade, melhorar a qualidade do software e impulsionar a inovação. Ao aproveitar o poder dos algoritmos orientados por dados, os engenheiros de software podem desbloquear novas capacidades, automatizar tarefas entediantes e criar sistemas de software inteligentes que se adaptam a requisitos e ambientes em mudança. À medida que a Aprendizagem Automática continua a avançar, o seu impacto transformador na Engenharia de Software só continuará a crescer, moldando o futuro do desenvolvimento de software de forma profunda.

1.3 Desafios e oportunidades

No domínio da aprendizagem automática em engenharia de software, surge uma infinidade de desafios e oportunidades que moldam o panorama da inovação e do desenvolvimento. Estes desafios, embora formidáveis, apresentam oportunidades de crescimento, aprendizagem e avanço neste domínio.

Um dos principais desafios é a qualidade e a disponibilidade dos dados. Os modelos de aprendizagem automática dependem fortemente de conjuntos de dados diversificados e de elevada qualidade para formação, teste e validação. No entanto, a obtenção de dados rotulados, a garantia da limpeza dos dados e a resolução de enviesamentos podem ser tarefas árduas, particularmente em domínios onde os dados são escassos ou não estruturados. Além disso, as preocupações com a privacidade e os requisitos regulamentares relativos à utilização de dados complicam ainda mais o processo de aquisição de dados, limitando o âmbito e a eficácia das aplicações de ML.

Outro desafio significativo reside na capacidade de interpretação e explicação dos modelos. À medida que os modelos de ML se tornam cada vez mais complexos, torna-se cada vez mais difícil compreender o seu funcionamento interno e explicar as suas decisões. Esta falta de transparência suscita preocupações em termos de responsabilidade, fiabilidade e conformidade regulamentar, especialmente em domínios críticos como os cuidados de saúde, as finanças e a justiça penal. Para responder a estes desafios, é necessário desenvolver modelos e metodologias de ML interpretáveis para explicar as suas previsões e decisões de uma forma transparente e compreensível.

Além disso, a escalabilidade e a eficiência computacional colocam desafios significativos na implementação de modelos de aprendizagem automática em sistemas de software do mundo real. Muitos algoritmos de aprendizagem automática requerem recursos computacionais e infra-estruturas substanciais para formação e inferência, o que os torna impraticáveis para implantação em ambientes com recursos limitados ou dispositivos de ponta. Além disso, garantir a escalabilidade e a fiabilidade dos sistemas de aprendizagem automática em ambientes de produção, especialmente em aplicações de elevada procura ou de missão crítica, exige uma otimização e uma gestão de recursos cuidadosas.

Apesar destes desafios, existem inúmeras oportunidades para tirar partido da aprendizagem automática na engenharia de software. As técnicas de ML oferecem oportunidades sem precedentes para automatizar tarefas entediantes, acelerar os ciclos de desenvolvimento e melhorar a qualidade do software. Ao automatizar a análise, o teste e a otimização do código, o ML permite que os programadores se concentrem em tarefas de nível superior e na resolução criativa de problemas, melhorando a produtividade e a inovação. Além disso, os sistemas de manutenção preditiva e de monitorização do estado do software com base no ML permitem a identificação proactiva de problemas, minimizando o tempo de inatividade e melhorando a fiabilidade do sistema.

Além disso, a aprendizagem automática facilita o desenvolvimento de sistemas de software inteligentes que se adaptam a requisitos e ambientes em constante mudança. Ao analisar o comportamento do utilizador, as métricas do sistema e os factores ambientais, os algoritmos de aprendizagem automática podem otimizar o desempenho do sistema, personalizar as experiências do utilizador e antecipar necessidades futuras. Além disso, os sistemas de deteção de anomalias baseados em ML aumentam a segurança e a fiabilidade através da deteção de padrões anormais no comportamento do sistema, permitindo uma intervenção precoce e medidas preventivas.

Em conclusão, embora haja muitos desafios, as oportunidades apresentadas pela aprendizagem automática na engenharia de software são vastas e transformadoras. Ao abordar os desafios relacionados com a qualidade dos dados, a interpretabilidade, a escalabilidade e a eficiência, os engenheiros de software podem aproveitar todo o potencial do ML para criar sistemas de software inteligentes, adaptáveis e fiáveis que satisfaçam as necessidades em evolução dos utilizadores e das partes interessadas. À medida que a Aprendizagem Automática continua a avançar, a sua integração na Engenharia de Software promete revolucionar as práticas de desenvolvimento, impulsionar a inovação e moldar o futuro da tecnologia.

Conclusão

O capítulo 1 de "Machine Learning for Software Engineering: Técnicas, Ferramentas e Aplicações" serve como uma exploração fundamental da integração da Aprendizagem Automática (AM) no domínio da Engenharia de Software. Este capítulo embarcou numa viagem para elucidar os princípios fundamentais do ML, oferecendo aos leitores uma compreensão abrangente dos seus conceitos, metodologias e técnicas fundamentais. Ao desvendar os mecanismos intrincados através dos quais os algoritmos aprendem a partir dos dados e fazem previsões ou tomam decisões de forma autónoma, os leitores ganharam uma visão do poder transformador do ML na reformulação dos paradigmas de programação tradicionais. Além disso, a exploração da aprendizagem supervisionada, não supervisionada e por reforço proporcionou uma base sólida para navegar nas discussões subsequentes sobre aplicações e desafios neste domínio.

Em seguida, o capítulo passou a explorar as diversas aplicações da aprendizagem automática na engenharia de software. Desde a análise e teste automatizados de código até à manutenção preditiva e à monitorização da saúde do software, as técnicas de ML estão a revolucionar várias facetas do desenvolvimento e implementação de software. Através de exemplos do mundo real e de estudos de caso, os leitores ganharam uma visão de como o ML permite aos programadores automatizar tarefas entediantes, melhorar a qualidade do software e criar sistemas de software inteligentes que se adaptam a requisitos e ambientes em mudança. Ao mostrar o potencial transformador do ML em diferentes domínios, esta secção sublinhou a importância de adotar abordagens orientadas para os dados nos fluxos de trabalho de engenharia de software.

No entanto, no meio das promessas de inovação, o capítulo analisou conscienciosamente os desafios e as oportunidades inerentes à integração da aprendizagem automática nas práticas de engenharia de software. Desafios como a qualidade dos dados, a interpretabilidade, a escalabilidade e a eficiência colocam obstáculos significativos que têm de ser resolvidos para libertar todo o potencial do ML. Além disso, as considerações éticas relacionadas com a parcialidade, a justiça e a transparência dos algoritmos de aprendizagem automática levantam questões importantes sobre a responsabilidade, a fiabilidade e o impacto social. Apesar destes desafios, as oportunidades apresentadas pelo ML são vastas e prometedoras. Ao enfrentar estes desafios e tirar partido do poder dos algoritmos baseados em dados, os engenheiros de software podem impulsionar a inovação, melhorar a produtividade e criar sistemas de software inteligentes que se adaptam a requisitos e ambientes em constante mudança.

Em conclusão, o Capítulo 1 forneceu aos leitores uma visão geral abrangente da Aprendizagem automática em engenharia de software, lançando as bases para uma exploração mais aprofundada deste domínio. Ao elucidar os conceitos fundamentais do ML, explorar suas diversas aplicações e discutir os desafios e oportunidades que ele apresenta, este capítulo equipa os leitores com o conhecimento e as percepções necessárias para navegar no complexo cenário do desenvolvimento de software orientado por ML. À medida que a aprendizagem automática continua a avançar, a sua integração na engenharia de software promete revolucionar as práticas de desenvolvimento, moldar o futuro da tecnologia e criar novas possibilidades de inovação e crescimento.

Capítulo 2. Técnicas de pré-processamento de dados

Introdução

O Capítulo 2, "Técnicas de pré-processamento de dados", aborda as etapas preparatórias críticas necessárias antes de aplicar algoritmos de Aprendizagem automática a dados em Engenharia de software. Este capítulo serve como uma exploração fundamental das várias técnicas de pré-processamento empregues para garantir a qualidade, relevância e eficácia dos dados utilizados nos modelos de ML. Ao examinar meticulosamente os passos de pré-processamento, os engenheiros de software obtêm conhecimentos valiosos sobre como otimizar os dados para tarefas de aprendizagem automática, melhorando, em última análise, o desempenho e a fiabilidade dos algoritmos de aprendizagem automática.

O capítulo começa por elucidar a importância da limpeza e transformação de dados. Esta secção explora técnicas para identificar e tratar inconsistências de dados, valores em falta, valores atípicos e ruído que podem afetar negativamente o desempenho dos modelos de ML. Através de exemplos práticos e metodologias, os leitores adquirem uma compreensão abrangente de como pré-processar dados brutos num formato limpo e padronizado adequado para a análise de ML.

As características, que representam as variáveis de entrada utilizadas para efetuar previsões, desempenham um papel crucial no desempenho dos modelos de ML. Esta secção aborda técnicas para identificar características relevantes, reduzir a dimensionalidade e extrair representações significativas de dados em bruto. Ao explorar métodos como a análise de componentes principais (PCA), a classificação da importância das características e os algoritmos de redução da dimensionalidade, os engenheiros de software aprendem a otimizar os conjuntos de características para melhorar o desempenho do modelo.

Além disso, o capítulo aborda o desafio de lidar com dados desequilibrados, um problema comum encontrado em conjuntos de dados do mundo real em que a distribuição das classes é enviesada. Esta secção examina técnicas para atenuar o desequilíbrio das classes, como a sobreamostragem, a subamostragem e a geração de dados sintéticos. Ao compreender como equilibrar eficazmente as distribuições de classes, os engenheiros de software podem garantir que os modelos de ML são treinados em conjuntos de dados representativos, conduzindo a previsões mais precisas e fiáveis.

Em conclusão, o Capítulo 2 fornece uma visão geral abrangente das técnicas de pré-processamento de dados essenciais para a preparação de dados para análise de ML em Engenharia de Software. Ao abordar aspectos fundamentais como a limpeza de dados, a seleção de características e o tratamento de dados desequilibrados, os engenheiros de software adquirem os conhecimentos básicos e as competências práticas necessárias para pré-processar dados de forma eficaz e otimizar o desempenho do modelo de ML. Através de um pré-processamento meticuloso, os engenheiros de software podem garantir que os algoritmos de ML são treinados em dados relevantes e de alta qualidade, o que acaba por conduzir a sistemas de software mais robustos e fiáveis.

2.1 Limpeza e transformação de dados

A limpeza e a transformação de dados, conforme descrito na Secção 2.1, constituem passos fundamentais na fase de pré-processamento dos fluxos de trabalho de Aprendizagem Automática no âmbito da Engenharia de Software. Esta secção aprofunda o intrincado processo de refinamento dos dados em bruto para um formato normalizado e de alta qualidade, adequado à análise por algoritmos de aprendizagem automática. A importância deste processo reside na retificação de inconsistências, na correção de valores em falta, no tratamento de valores atípicos e na redução do ruído no conjunto de dados, aumentando assim a precisão e a fiabilidade dos modelos de aprendizagem automática subsequentes.

A limpeza de dados envolve a identificação e retificação de inconsistências e erros presentes no conjunto de dados. Isto pode incluir a resolução de registos duplicados, a correção de imprecisões e a remoção de informações irrelevantes ou redundantes. Ao garantir a integridade e a consistência dos dados, os engenheiros de software podem reduzir o risco de introdução de preconceitos ou conclusões erróneas nos modelos de ML.

Além disso, a transformação de dados engloba a conversão dos dados brutos num formato que conduza à análise por algoritmos de ML. Isto pode envolver a normalização de características numéricas, a codificação de variáveis categóricas e a normalização da distribuição de dados. Ao transformar os dados num formato consistente e normalizado, os engenheiros de software podem garantir que os modelos de aprendizagem automática podem efetivamente aprender padrões e fazer previsões precisas em diferentes tipos de dados.

Além disso, a limpeza e a transformação dos dados são cruciais para tratar os valores em falta no conjunto de dados. Os dados em falta podem afetar significativamente o desempenho dos modelos de ML se não forem tratados. Técnicas como a imputação, em que os valores em falta são substituídos por valores estimados com base em medidas estatísticas, ou a eliminação, em que as instâncias com valores em falta são removidas do conjunto de dados, podem ser utilizadas para tratar eficazmente os dados em falta.

Além disso, a deteção e o tratamento de valores aberrantes são aspectos essenciais da limpeza e transformação de dados. Os outliers, que são pontos de dados que se desviam significativamente do resto do conjunto de dados, podem distorcer as análises estatísticas e levar a conclusões erróneas. Técnicas como métodos estatísticos, agrupamento e métodos baseados na proximidade podem ser utilizadas para identificar e tratar os outliers, garantindo que não influenciam indevidamente o comportamento dos modelos de ML.

Em conclusão, a Secção 2.1 sublinha a importância crítica da limpeza e transformação de dados na fase de pré-processamento dos fluxos de trabalho de aprendizagem automática no âmbito da engenharia de software. Ao refinar meticulosamente os dados em bruto, resolver inconsistências, lidar com valores em falta e detetar valores anómalos, os engenheiros de software podem garantir que os modelos de aprendizagem automática são treinados com dados fiáveis e de alta qualidade, o que leva a previsões e conhecimentos mais precisos e robustos.

2.2 Seleção e extração de características

Na Secção 2.2, o foco passa para o processo fundamental de seleção e extração de características no âmbito do pré-processamento de dados para aplicações de Aprendizagem Automática em Engenharia de Software. Esta secção elucida as metodologias e técnicas utilizadas para identificar, refinar e otimizar as características usadas como entradas para os algoritmos de aprendizagem automática, aumentando assim a eficácia e eficiência dos processos de modelação subsequentes.

A seleção de características envolve a identificação e a curadoria das características mais relevantes e informativas do conjunto de dados. O objetivo é reduzir a dimensionalidade e eliminar características redundantes ou irrelevantes que possam introduzir ruído ou afetar negativamente o desempenho dos modelos de ML. São exploradas várias técnicas, tais como métodos de filtragem, métodos de invólucro e métodos incorporados, para avaliar e selecionar sistematicamente as características mais discriminatórias com base em medidas estatísticas, desempenho do modelo ou conhecimento do domínio.

Além disso, a extração de características engloba o processo de geração de novas características ou representações a partir do conjunto de dados existente que encapsulam informações e padrões significativos. As técnicas de redução da dimensionalidade, como a Análise de Componentes Principais (PCA), a Decomposição do Valor Singular (SVD) e a Incorporação de Vizinhos Estocásticos Distribuídos t (t-SNE), são utilizadas para transformar dados de elevada dimensão em representações de dimensão inferior, preservando o máximo de informação relevante possível. Estas características extraídas servem como representações mais compactas e informativas do conjunto de dados original, facilitando um melhor desempenho e interpretabilidade do modelo.

Além disso, a secção analisa a importância do conhecimento e da experiência do domínio na orientação dos processos de seleção e extração de características. Ao tirar partido dos conhecimentos e da compreensão específicos do domínio, os engenheiros de software podem identificar características relevantes que têm maior probabilidade de captar padrões e relações significativos nos dados. As técnicas de engenharia de características específicas do domínio, como a criação de características derivadas ou a agregação de características existentes, aumentam ainda mais o poder discriminativo do conjunto de características e contribuem para a eficácia global dos modelos de ML.

Além disso, a secção discute as soluções de compromisso envolvidas na seleção e extração de características, tais como o equilíbrio entre a interpretabilidade do modelo e o desempenho da previsão. Embora a redução da dimensionalidade e a seleção de características informativas possam melhorar a eficiência e a generalização do modelo, também podem levar à perda de interpretabilidade e transparência nas previsões do modelo. Assim, a consideração cuidadosa destes compromissos é essencial para conceber estratégias eficazes de seleção e extração de características adaptadas aos requisitos e restrições específicos do domínio da engenharia de software.

Em conclusão, a Secção 2.2 sublinha a importância crítica da seleção e extração de características na fase de pré-processamento de dados dos fluxos de trabalho de Aprendizagem Automática em Engenharia de Software. Ao identificar e refinar sistematicamente as características mais informativas e ao extrair representações significativas do conjunto de dados, os engenheiros de software podem otimizar o desempenho e a interpretabilidade dos modelos de aprendizagem automática, conduzindo a previsões e conhecimentos mais precisos e fiáveis. Através de uma combinação de conhecimentos do domínio, técnicas algorítmicas e uma consideração cuidadosa das soluções de compromisso, a seleção e extração de características servem como ferramentas indispensáveis para desbloquear todo o potencial da Aprendizagem Automática em aplicações de engenharia de software.

2.3 Tratamento de dados desequilibrados

Na Secção 2.3, o capítulo navega pelo intrincado terreno do tratamento de dados desequilibrados, um desafio comum encontrado em conjuntos de dados do mundo real em aplicações de Engenharia de Software da Aprendizagem Automática. Os dados desequilibrados referem-se a conjuntos de dados em que a distribuição de classes ou rótulos é fortemente distorcida, com uma classe a ultrapassar significativamente as outras. Esta secção analisa as metodologias e estratégias utilizadas para resolver este desequilíbrio e garantir a eficácia e a equidade dos modelos de aprendizagem automática treinados nesses conjuntos de dados.

Uma técnica predominante para tratar dados desequilibrados é a reamostragem, que envolve a sobreamostragem da classe minoritária ou a subamostragem da classe maioritária para equilibrar a distribuição das classes. As técnicas de sobreamostragem, como a Synthetic Minority Over-sampling Technique (SMOTE), geram amostras sintéticas para a classe minoritária para aumentar a sua representação no conjunto de dados, enquanto os métodos de subamostragem removem aleatoriamente instâncias da classe maioritária para obter uma distribuição mais equilibrada. Ao equilibrar a distribuição das classes, as técnicas de reamostragem atenuam o enviesamento para a classe maioritária e melhoram o desempenho dos modelos de ML em conjuntos de dados desequilibrados.

Além disso, a secção explora abordagens de aprendizagem em conjunto, como o bagging e o boosting, que aproveitam vários alunos de base para melhorar o desempenho da previsão em conjuntos de dados desequilibrados. Os métodos de conjunto combinam previsões de vários alunos fracos para produzir uma previsão mais robusta e exacta, atenuando eficazmente o impacto do desequilíbrio das classes no desempenho do modelo. Técnicas como o Balanced Random Forest e o AdaBoost com variantes de reamostragem adaptam os algoritmos de aprendizagem de conjuntos para tratar explicitamente dados desequilibrados, aumentando ainda mais a sua eficácia em aplicações do mundo real.

Além disso, a secção aborda a importância das métricas de desempenho adaptadas a conjuntos de dados desequilibrados, tais como a precisão, a recuperação, a pontuação F1 e a área sob a curva ROC (Receiver Operating Characteristic). As métricas de precisão tradicionais podem ser enganadoras em conjuntos de dados desequilibrados, onde a classe maioritária domina as previsões. Ao centrarem-se em métricas que consideram tanto os falsos positivos como os falsos negativos, os engenheiros de software podem avaliar o desempenho dos modelos de ML com maior precisão e avaliar a sua capacidade de classificar corretamente as instâncias de classes minoritárias.

Além disso, a secção discute as implicações dos dados desequilibrados na interpretabilidade e equidade do modelo. Conjuntos de dados desequilibrados podem conduzir a previsões enviesadas, em que a classe minoritária é desproporcionadamente mal classificada ou negligenciada pelo modelo. Este facto pode ter implicações éticas, especialmente em aplicações como os cuidados de saúde ou a justiça penal, em que os erros de classificação podem ter consequências significativas. Os engenheiros de software devem, por conseguinte, considerar técnicas de ML conscientes da equidade e estratégias de atenuação de enviesamentos para garantir um tratamento equitativo de todas as classes em conjuntos de dados desequilibrados.

Ao utilizar técnicas de reamostragem, abordagens de aprendizagem em conjunto e métricas de desempenho adaptadas, os engenheiros de software podem atenuar eficazmente os desafios colocados por conjuntos de dados desequilibrados e garantir a equidade, precisão e fiabilidade dos modelos de aprendizagem automática treinados nesses dados. Através de uma análise cuidadosa destas estratégias, os engenheiros de software podem libertar todo o potencial da aprendizagem automática para enfrentar os desafios do mundo real e fornecer soluções com impacto em diversos domínios.

Conclusão

Em conclusão, o Capítulo 2 forneceu uma exploração abrangente de técnicas essenciais de pré-processamento de dados em fluxos de trabalho de Aprendizagem automática para aplicações de Engenharia de software. Ao aprofundar a limpeza e transformação de dados, a seleção e extração de características e o tratamento de dados desequilibrados, este capítulo equipou os engenheiros de software com ferramentas e estratégias valiosas para otimizar a qualidade, a relevância e a eficácia dos conjuntos de dados utilizados nos modelos de aprendizagem automática.

O pré-processamento de dados serve como um passo fundamental no pipeline de ML, estabelecendo as bases para as fases subsequentes de modelação e análise. Através de uma limpeza e transformação meticulosas, os engenheiros de software asseguram a integridade e a consistência dos dados, reduzindo o risco de enviesamento ou de conclusões erróneas nos modelos de ML. A seleção e extração de características refinam ainda mais o conjunto de dados, identificando características relevantes e reduzindo a dimensionalidade para melhorar o desempenho e a interpretabilidade do modelo.

Além disso, o capítulo abordou o desafio de lidar com dados desequilibrados, um problema predominante em conjuntos de dados do mundo real, particularmente em aplicações de Engenharia de Software. Ao empregar técnicas de reamostragem, abordagens de aprendizagem em conjunto e métricas de desempenho adaptadas, os engenheiros de software podem tratar eficazmente o desequilíbrio de classes e garantir a equidade, precisão e fiabilidade dos modelos de ML treinados em conjuntos de dados desequilibrados.

Em geral, o Capítulo 2 sublinha a importância crítica do pré-processamento de dados para desbloquear todo o potencial da aprendizagem automática na engenharia de software. Ao dominar estas técnicas de pré-processamento, os engenheiros de software podem otimizar a qualidade dos conjuntos de dados, melhorar o desempenho dos modelos de aprendizagem automática e fornecer soluções impactantes para os desafios do mundo real em diversos domínios. À medida que a engenharia de software continua a evoluir, os conhecimentos e as competências obtidos com o pré-processamento de dados continuarão a ser indispensáveis para impulsionar a inovação, aumentar a produtividade e moldar o futuro da tecnologia.

Capítulo 3. Métodos de aprendizagem supervisionada

Introdução

O Capítulo 3 inicia uma exploração abrangente dos métodos de aprendizagem supervisionada, que servem como ferramentas fundamentais no domínio da Aprendizagem Automática, particularmente no contexto da Engenharia de Software. As técnicas de aprendizagem supervisionada são fundamentais para permitir que as máquinas aprendam a partir de dados rotulados, com o objetivo de fazer previsões ou classificações em instâncias de dados não vistas. Este capítulo serve de roteiro para os engenheiros de software navegarem através de várias metodologias de aprendizagem supervisionada, fornecendo-lhes um conhecimento profundo das técnicas de regressão, algoritmos de classificação e métodos de aprendizagem em conjunto.

O capítulo começa com uma análise aprofundada das técnicas de regressão, que são utilizadas para prever resultados contínuos com base em características de entrada. Os leitores são apresentados a um espetro de algoritmos de regressão, que vão desde a regressão linear a modelos mais complexos, como a regressão polinomial, a regressão de vectores de suporte e a regressão de árvores de decisão. Através de explicações detalhadas e exemplos ilustrativos, os engenheiros de software adquirem conhecimentos sobre os princípios subjacentes à modelação de regressão, incluindo a estimativa dos parâmetros do modelo, a avaliação do desempenho do modelo e a interpretação dos coeficientes de regressão.

Após a exploração das técnicas de regressão, a atenção é direccionada para os algoritmos de classificação, que são concebidos para classificar instâncias de dados em classes ou categorias distintas. Esta secção revela um conjunto diversificado de algoritmos de classificação, abrangendo classificadores lineares, como a regressão logística e a análise discriminante linear, bem como classificadores não lineares, como árvores de decisão, florestas aleatórias, máquinas de vectores de suporte e redes neuronais. Ao elucidar os princípios subjacentes e as formulações matemáticas dos algoritmos de classificação, os engenheiros de software adquirem uma base sólida para conceber e implementar modelos de classificação adaptados aos seus domínios de aplicação específicos.

Além disso, o capítulo aprofunda os métodos de aprendizagem em conjunto, que aproveitam a inteligência colectiva de vários aprendentes de base para melhorar o desempenho da previsão. As técnicas de conjunto, incluindo bagging, boosting e stacking, são exploradas em pormenor, elucidando os seus mecanismos de combinação de diversos modelos para produzir previsões mais precisas e robustas. Através de exemplos práticos e estudos de caso, os engenheiros de software aprendem a tirar partido da aprendizagem em conjunto para ultrapassar o sobreajuste, reduzir a variância e melhorar as capacidades de generalização dos modelos de aprendizagem supervisionada.

Em conclusão, o Capítulo 3 fornece uma exploração abrangente e detalhada dos métodos de aprendizagem supervisionada, capacitando os engenheiros de software com os conhecimentos e as competências necessárias para aplicar eficazmente estas técnicas nos seus projectos de engenharia de software. Ao dominarem as técnicas de regressão, os algoritmos de classificação e os métodos de aprendizagem em conjunto, os engenheiros de software podem aproveitar o poder dos dados rotulados para criar modelos preditivos precisos e fiáveis, impulsionando assim a inovação e fornecendo soluções com impacto em diversos domínios da Engenharia de Software.

3.1 Técnicas de regressão

Na Secção 3.1 do Capítulo 3, o foco é dirigido para uma exploração aprofundada das técnicas de regressão, que constituem uma componente fundamental dos métodos de aprendizagem supervisionada no âmbito da aprendizagem automática. As técnicas de regressão são utilizadas quando a tarefa envolve a previsão de resultados contínuos ou valores numéricos com base em características de entrada. Esta secção serve como um guia completo para os engenheiros de software navegarem através de vários algoritmos de regressão, compreenderem os seus princípios subjacentes e utilizarem-nos eficazmente em aplicações de engenharia de software.

A secção começa por elucidar os conceitos fundamentais da análise de regressão, realçando a distinção entre variáveis independentes (características) e variáveis dependentes (resultados pretendidos). Os leitores são apresentados à noção de ajuste de um modelo de regressão aos dados de treino, em que o modelo aprende a relação entre as características de entrada e os valores de saída através de um processo de otimização.

Subsequentemente, é explorado um espetro de algoritmos de regressão, desde a regressão linear simples a modelos não lineares mais complexos. A regressão linear, caracterizada por uma relação linear entre as características de entrada e a variável alvo, é a pedra angular da análise de regressão. Através de explicações pormenorizadas e formulações matemáticas, os engenheiros de software adquirem um conhecimento profundo da forma como os modelos de regressão linear são treinados, avaliados e interpretados.

Além disso, a secção aborda técnicas de regressão mais avançadas, como a regressão polinomial, a regressão com vectores de apoio (SVR), a regressão com árvores de decisão e a regressão com florestas aleatórias. A regressão polinomial alarga o modelo linear através da incorporação de termos polinomiais para captar relações não lineares entre as características e a variável alvo. A regressão com vectores de suporte utiliza os princípios das máquinas de vectores de suporte para ajustar um hiperplano num espaço de elevada dimensão que melhor aproxima a relação entre características e resultados.

Além disso, a regressão por árvore de decisão e a regressão por floresta aleatória oferecem abordagens flexíveis e poderosas para modelar relações complexas e lidar com não linearidades nos dados. As árvores de decisão dividem o espaço de características em regiões de decisão hierárquicas, enquanto as florestas aleatórias agregam previsões de várias árvores de decisão para melhorar a precisão e a robustez das previsões.

Através de exemplos práticos, os engenheiros de software aprendem a aplicar técnicas de regressão a problemas reais de engenharia de software, como a previsão do esforço de desenvolvimento de software ou a estimativa de métricas de qualidade de software. Ao dominar as técnicas de regressão, os engenheiros de software podem aproveitar o poder da aprendizagem supervisionada para fazer previsões precisas e fiáveis sobre resultados contínuos, melhorando assim os processos de tomada de decisão e impulsionando a inovação nas práticas de engenharia de software.

3.2 Algoritmos de classificação

Na Secção 3.2 do Capítulo 3, o foco muda para uma exploração extensiva dos algoritmos de classificação, que são componentes indispensáveis dos métodos de aprendizagem supervisionada na Aprendizagem Automática. Os algoritmos de classificação são utilizados quando a tarefa envolve a categorização de instâncias de dados em classes ou categorias distintas com base em características de entrada. Esta secção serve de guia completo para os engenheiros de software se aprofundarem em várias técnicas de classificação, compreenderem os seus princípios subjacentes e utilizarem-nas eficazmente em aplicações de engenharia de software.

A secção começa por elucidar os conceitos fundamentais da análise de classificação, destacando a distinção entre características (variáveis de entrada) e classes (categorias-alvo). Os leitores são introduzidos na noção de treino de um modelo de classificação em dados rotulados, em que o modelo aprende a discriminar entre diferentes classes com base nos padrões inerentes às características de entrada.

Posteriormente, é explorada uma gama diversificada de algoritmos de classificação, abrangendo abordagens lineares e não lineares. Os classificadores lineares, como a regressão logística e a análise discriminante linear (LDA), são introduzidos como técnicas fundamentais para conjuntos de dados linearmente separáveis. Através de explicações detalhadas e formulações matemáticas, os engenheiros de software adquirem uma compreensão abrangente de como os classificadores lineares dividem o espaço de características e fazem previsões com base em limites de decisão lineares.

Além disso, a secção aborda algoritmos de classificação mais complexos, incluindo árvores de decisão, máquinas de vectores de apoio (SVM), k-vizinhos mais próximos (KNN) e redes neuronais. As árvores de decisão oferecem uma abordagem flexível e interpretável para modelar limites de decisão não lineares através de uma série de divisões hierárquicas baseadas em valores de características. As máquinas de vectores de suporte utilizam os princípios da maximização da margem para encontrar um hiperplano ótimo que separa diferentes classes no espaço de características.

Além disso, as técnicas de aprendizagem em conjunto, como as florestas aleatórias e o reforço do gradiente, são introduzidas como métodos poderosos para melhorar o desempenho da classificação através da combinação de previsões de vários classificadores de base. As florestas aleatórias agregam previsões de um conjunto de árvores de decisão, enquanto o gradient boosting aperfeiçoa iterativamente o modelo, ajustando sucessivamente aprendizes fracos aos erros residuais.

Através de exemplos práticos e estudos de caso, os engenheiros de software aprendem a aplicar algoritmos de classificação a diversas tarefas de engenharia de software, como a previsão de defeitos de software, a classificação de códigos e a deteção de vulnerabilidades de software. Ao dominar as técnicas de classificação, os engenheiros de software podem aproveitar o poder da aprendizagem supervisionada para criar classificadores precisos e fiáveis, melhorando assim os processos de tomada de decisão e impulsionando a inovação nas práticas de engenharia de software.

3.3 Aprendizagem em conjunto

Na Secção 3.3 do Capítulo 3, a exploração mergulha no domínio da aprendizagem de conjuntos, uma técnica poderosa no âmbito dos métodos de aprendizagem supervisionada que combina as previsões de vários modelos individuais para melhorar o desempenho global. As abordagens de aprendizagem em conjunto são cruciais nas aplicações de engenharia de software, onde a precisão e a robustez das previsões são fundamentais. Esta secção serve como um guia aprofundado para os engenheiros de software compreenderem os princípios da aprendizagem de conjuntos, explorarem várias técnicas de conjuntos e utilizarem-nas eficazmente em tarefas de engenharia de software.

A secção começa por elucidar os conceitos fundamentais da aprendizagem de conjuntos, realçando a lógica subjacente à combinação de vários modelos para obter um desempenho superior em comparação com modelos individuais. Os leitores são apresentados ao paradigma da aprendizagem de conjuntos, que aproveita a diversidade dos alunos de base para reduzir a variância, melhorar a generalização e aumentar a precisão da previsão.

Subsequentemente, é explorada uma gama diversificada de técnicas de aprendizagem de conjuntos, cada uma oferecendo pontos fortes e capacidades únicas. O ensacamento (Bootstrap Aggregating) é apresentado como uma técnica que treina vários alunos de base de forma independente em diferentes subconjuntos dos dados de formação e agrega as suas previsões através de média ou votação. O ensacamento reduz a variância e ajuda a mitigar o sobreajuste, introduzindo aleatoriedade no processo de formação.

Além disso, os algoritmos de reforço, como o AdaBoost (Adaptive Boosting) e os Gradient Boosting Machines (GBM), são introduzidos como técnicas de conjunto iterativas que treinam sequencialmente alunos fracos para se concentrarem em instâncias que foram mal classificadas por modelos anteriores. Os métodos de reforço aperfeiçoam iterativamente o modelo, atribuindo pesos mais elevados a instâncias mal classificadas, melhorando assim o desempenho da previsão em cada iteração.

Além disso, os métodos de conjunto, como as florestas aleatórias, combinam os pontos fortes do ensacamento e das árvores de decisão para construir uma floresta de diversas árvores de decisão, em que cada árvore é treinada num subconjunto aleatório de características e instâncias. As florestas aleatórias agregam previsões de várias árvores de decisão para produzir um modelo de conjunto robusto e exato que é resistente ao sobreajuste e ao ruído.

Através de exemplos práticos e de estudos de casos, os engenheiros de software adquirem conhecimentos sobre a forma como as técnicas de aprendizagem de conjuntos podem ser aplicadas a diversas tarefas de engenharia de software, tais como a previsão de defeitos de software, a classificação de códigos e a deteção de anomalias. Ao dominar a aprendizagem de conjuntos, os engenheiros de software podem tirar partido da inteligência colectiva de vários modelos para criar modelos de previsão mais precisos e fiáveis, melhorando assim os processos de tomada de decisão e impulsionando a inovação nas práticas de engenharia de software.

Conclusão

Em conclusão, o Capítulo 3 apresenta uma exploração exaustiva das técnicas de aprendizagem de conjuntos, demonstrando o seu papel fundamental nos métodos de aprendizagem supervisionada em aplicações de engenharia de software. A aprendizagem de conjuntos destaca-se como uma abordagem poderosa para melhorar a precisão e a robustez das previsões, aproveitando a inteligência colectiva de vários modelos individuais. Ao combinar as previsões de diversos aprendizes de base, os métodos de conjunto atenuam as deficiências dos modelos individuais, como o sobreajuste, o enviesamento e a variância, produzindo assim previsões mais precisas e fiáveis.

Ao longo do capítulo, os engenheiros de software obtêm informações sobre um conjunto diversificado de técnicas de conjunto, cada uma oferecendo pontos fortes e capacidades únicas. Desde o ensacamento e o reforço até às florestas aleatórias e às máquinas de reforço de gradiente, o capítulo elucida os princípios subjacentes a cada método de conjunto e demonstra a sua aplicabilidade em tarefas de engenharia de software do mundo real. Ao compreender os mecanismos subjacentes e os compromissos da aprendizagem de conjuntos, os engenheiros de software podem tomar decisões informadas sobre qual a técnica de conjunto a empregar com base nas características dos seus dados e nos requisitos da sua aplicação.

Além disso, os exemplos práticos e os estudos de caso apresentados no capítulo destacam a versatilidade e a eficácia da aprendizagem de conjuntos na abordagem de uma vasta gama de desafios de engenharia de software. Quer se trate da previsão de defeitos de software, da classificação de códigos ou da deteção de anomalias, as técnicas de aprendizagem em conjunto oferecem uma estrutura flexível e robusta para a criação de modelos de previsão precisos e fiáveis. Através da experiência prática com métodos de conjunto, os engenheiros de software podem desbloquear todo o potencial da aprendizagem supervisionada em aplicações de engenharia de software, impulsionando a inovação e fornecendo soluções impactantes em diversos domínios.

Em conclusão, o Capítulo 3 sublinha a importância crítica da aprendizagem em conjunto para melhorar o desempenho preditivo e impulsionar a inovação nas práticas de engenharia de software. Ao dominar as técnicas de conjunto, os engenheiros de software podem aproveitar a inteligência colectiva de vários modelos para construir modelos preditivos mais precisos e fiáveis, avançando assim nos processos de tomada de decisão e moldando o futuro da engenharia de software. Através da exploração e aplicação contínuas da aprendizagem de conjuntos, os engenheiros de software podem manter-se na vanguarda da inovação tecnológica e fornecer soluções transformadoras para desafios complexos de engenharia de software.

Capítulo 4. Métodos de aprendizagem não supervisionada

Introdução

O Capítulo 4 explora o intrigante domínio dos métodos de aprendizagem não supervisionada, um ramo da aprendizagem automática em que o foco está na descoberta de padrões, estruturas e conhecimentos a partir de dados não rotulados. As técnicas de aprendizagem não supervisionada são inestimáveis na engenharia de software, onde grandes quantidades de dados carecem frequentemente de rótulos ou anotações explícitas. Este capítulo serve como um guia completo para os engenheiros de software navegarem através de várias metodologias de aprendizagem não supervisionada, compreenderem os seus princípios subjacentes e aproveitarem o seu potencial em aplicações de engenharia de software.

A introdução prepara o terreno, destacando a importância da aprendizagem não supervisionada na engenharia de software. Ao contrário da aprendizagem supervisionada, em que os modelos são treinados em dados rotulados com resultados conhecidos, a aprendizagem não supervisionada opera em dados não rotulados, o que a torna particularmente adequada para cenários em que os dados rotulados são escassos ou dispendiosos de obter. Ao identificar autonomamente padrões e estruturas nos dados, a aprendizagem não supervisionada permite que os engenheiros de software obtenham informações valiosas, descubram relações ocultas e revelem conhecimentos latentes incorporados em grandes conjuntos de dados.

Posteriormente, o capítulo descreve as três categorias principais de métodos de aprendizagem não supervisionada a explorar: algoritmos de agrupamento, técnicas de redução da dimensionalidade e métodos de deteção de anomalias. Cada categoria aborda aspectos distintos da aprendizagem não supervisionada, oferecendo abordagens únicas para a descoberta de conhecimentos a partir de dados não rotulados.

Os algoritmos de agrupamento são utilizados para dividir os dados em grupos ou agrupamentos significativos com base na semelhança ou proximidade. Ao identificar agrupamentos naturais dentro dos dados, os algoritmos de agrupamento facilitam a análise exploratória de dados, o reconhecimento de padrões e a segmentação, permitindo assim aos engenheiros de software obter uma compreensão mais profunda da estrutura subjacente dos seus conjuntos de dados.

As técnicas de redução da dimensionalidade têm como objetivo reduzir a complexidade dos dados, transformando espaços de características de elevada dimensão em representações de menor dimensão, preservando o máximo de informação relevante possível. Ao eliminar características redundantes ou irrelevantes e ao captar a estrutura essencial dos dados, os métodos de redução da dimensionalidade facilitam a visualização, a interpretação e a análise de conjuntos de dados de elevada dimensão, ajudando assim na seleção de características, na compressão de dados e na simplificação de modelos.

Os métodos de deteção de anomalias centram-se na identificação de instâncias raras ou anómalas nos dados que se desviam significativamente da norma. Na engenharia de software, a deteção de anomalias desempenha um papel fundamental na deteção e atenuação de ameaças à segurança, na identificação de anomalias do sistema e na deteção de padrões ou comportamentos invulgares nos sistemas de software.

Em suma, o Capítulo 4 embarca numa viagem ao fascinante mundo dos métodos de aprendizagem não supervisionada, onde os engenheiros de software podem descobrir ideias ocultas, descobrir padrões significativos e extrair conhecimentos valiosos de dados não rotulados. Através de uma exploração de algoritmos de agrupamento, técnicas de redução de dimensionalidade e métodos de deteção de anomalias, os engenheiros de software obtêm as ferramentas e técnicas necessárias para desbloquear todo o potencial da aprendizagem não supervisionada em aplicações de engenharia de software.

4.1 Algoritmos de agrupamento

Os algoritmos de agrupamento, um componente fundamental da aprendizagem não supervisionada, desempenham um papel fundamental na análise de dados, dividindo os conjuntos de dados em grupos ou agrupamentos com base na estrutura intrínseca dos dados. Nesta secção, aprofundamos os meandros dos algoritmos de agrupamento e as suas aplicações na engenharia de software.

Os algoritmos de agrupamento têm por objetivo identificar agrupamentos naturais nos dados, em que os pontos de dados do mesmo agrupamento são mais semelhantes entre si do que os de outros agrupamentos. Um dos algoritmos de agrupamento mais utilizados é o K-means, que divide os dados em K agrupamentos, atribuindo iterativamente pontos de dados ao centróide do agrupamento mais próximo e actualizando os centróides com base na média dos pontos de dados atribuídos a cada agrupamento. O K-means é particularmente adequado para grandes conjuntos de dados e é relativamente eficiente em termos de complexidade computacional.

Outro algoritmo de agrupamento proeminente é o agrupamento hierárquico, que organiza os pontos de dados numa estrutura hierárquica semelhante a uma árvore, conhecida como dendrograma. O agrupamento hierárquico não requer a especificação prévia do número de agrupamentos e é adequado para conjuntos de dados com estruturas hierárquicas. O método de Ward, a ligação simples e a ligação completa são alguns dos critérios de ligação comuns utilizados no agrupamento hierárquico.

Os algoritmos de agregação baseados na densidade, como o DBSCAN (Density-Based Spatial Clustering of Applications with Noise), identificam os agregados como regiões densas de pontos de dados separados por regiões mais esparsas. O DBSCAN é capaz de descobrir agrupamentos de formas e tamanhos arbitrários e é resistente ao ruído e a valores atípicos. Classifica os pontos de dados como pontos centrais, pontos de fronteira ou pontos de ruído com base na sua densidade e proximidade de outros pontos.

Na engenharia de software, os algoritmos de agrupamento encontram diversas aplicações em vários domínios. São utilizados na manutenção de software para identificar módulos ou componentes com funcionalidades semelhantes, em testes de software para agrupar casos de teste semelhantes para uma otimização eficiente do conjunto de testes e na localização de falhas de software para agrupar tipos de falhas semelhantes para uma depuração eficaz.

Em conclusão, os algoritmos de agrupamento são ferramentas indispensáveis na aprendizagem não supervisionada, permitindo aos engenheiros de software descobrir padrões e estruturas ocultos nos dados. Ao tirar partido dos algoritmos de agrupamento, os engenheiros de software podem obter informações valiosas, facilitar a tomada de decisões com base em dados e promover a inovação nas práticas de engenharia de software.

4.2 Redução da dimensionalidade

As técnicas de redução da dimensionalidade são fundamentais na aprendizagem automática, em particular na aprendizagem não supervisionada, em que o seu objetivo é resolver a maldição da dimensionalidade, reduzindo o número de características em conjuntos de dados de elevada dimensão, preservando o máximo de informação relevante possível. Nesta secção, exploramos várias técnicas de redução da dimensionalidade e a sua importância em aplicações de engenharia de software.

A análise de componentes principais (PCA) é uma das técnicas de redução de dimensionalidade mais utilizadas, que transforma dados de elevada dimensão num subespaço de dimensão inferior, maximizando a variância dos dados ao longo dos componentes principais. Ao reter apenas os componentes principais que captam a variação mais significativa nos dados, a PCA facilita a visualização, a compressão de dados e a redução do ruído, tornando-a uma ferramenta valiosa na análise exploratória de dados e na engenharia de características.

Outra técnica popular de redução da dimensionalidade é a t-Distributed Stochastic Neighbor Embedding (t-SNE), que tem por objetivo preservar a estrutura local dos pontos de dados no espaço de incorporação de baixa dimensão. A t-SNE é particularmente eficaz para visualizar conjuntos de dados de alta dimensão em duas ou três dimensões, permitindo aos engenheiros de software obter informações sobre a estrutura subjacente dos dados e identificar clusters ou padrões que podem não ser aparentes no espaço de características original.

A Análise Discriminante Linear (LDA) é uma técnica de redução da dimensionalidade que procura maximizar a separação entre classes em conjuntos de dados rotulados, reduzindo simultaneamente a dimensionalidade dos dados. Ao contrário da PCA, que é uma técnica não supervisionada, a LDA tem em conta as etiquetas das classes e visa encontrar o subespaço de características que discrimina de forma óptima as diferentes classes. A LDA é amplamente utilizada em tarefas de classificação e extração de características, em que o objetivo é reduzir a dimensionalidade dos dados, preservando a informação específica da classe.

Na engenharia de software, as técnicas de redução da dimensionalidade encontram diversas aplicações em vários domínios. São utilizadas na manutenção de software para identificar características ou métricas relevantes para a avaliação da qualidade do software, no teste de software para reduzir a dimensionalidade dos dados de teste e melhorar a cobertura do teste, e na visualização de software para visualizar artefactos de software de elevada dimensão num espaço de dimensão inferior para melhor compreensão e análise.

Em conclusão, as técnicas de redução da dimensionalidade são ferramentas indispensáveis na aprendizagem não supervisionada, permitindo aos engenheiros de software enfrentar os desafios dos dados de elevada dimensão e extrair conhecimentos significativos de conjuntos de dados complexos. Ao tirar partido das técnicas de redução da dimensionalidade, os engenheiros de software podem melhorar a visualização dos dados, facilitar a seleção de características e melhorar a eficiência e a eficácia de várias tarefas de engenharia de software.

4.3 Deteção de anomalias

A deteção de anomalias, também conhecida como deteção de outliers, é um aspeto crítico da aprendizagem não supervisionada que se centra na identificação de padrões ou instâncias raras ou invulgares nos dados que se desviam significativamente da norma. Nesta secção, aprofundamos os meandros dos métodos de deteção de anomalias e as suas aplicações na engenharia de software.

Os métodos de deteção de anomalias podem ser classificados em dois tipos: métodos baseados na estatística e métodos baseados na aprendizagem automática. Os métodos baseados em estatísticas, como a distribuição gaussiana e o z-score, baseiam-se em medidas estatísticas para identificar anomalias com base em desvios da distribuição esperada dos dados. Estes métodos assumem que as anomalias são eventos raros que são estatisticamente diferentes dos pontos de dados normais.

Os métodos baseados na aprendizagem automática, por outro lado, utilizam técnicas de aprendizagem supervisionadas ou não supervisionadas para detetar anomalias nos dados. As técnicas de deteção de anomalias baseadas na aprendizagem não supervisionada, como as florestas de isolamento e o SVM (Support Vetor Machine) de uma classe, aprendem o comportamento normal dos dados e assinalam como anomalias as instâncias que se desviam significativamente deste comportamento aprendido. Os métodos baseados na aprendizagem supervisionada requerem dados rotulados com exemplos de instâncias normais e anómalas para treinar um classificador que possa distinguir entre as duas.

As florestas de isolamento são algoritmos de conjunto baseados em árvores que isolam as anomalias através do particionamento recursivo do espaço de características em subconjuntos e da identificação de anomalias como instâncias que requerem menos partições para serem isoladas. As florestas de isolamento são particularmente eficazes para conjuntos de dados de elevada dimensão e são capazes de identificar anomalias tanto em dados estruturados como não estruturados.

O SVM de uma classe é um algoritmo de máquina de vetor de suporte que aprende um limite em torno das instâncias normais no espaço de características e classifica as instâncias que se encontram fora deste limite como anomalias. A SVM de uma classe é adequada para a deteção de anomalias em dados de elevada dimensão e é robusta ao ruído e às variações na distribuição dos dados.

Na engenharia de software, os métodos de deteção de anomalias encontram diversas aplicações em vários domínios. São utilizados na deteção de falhas de software para identificar comportamentos anormais ou desvios do comportamento esperado do software, na segurança do software para detetar actividades maliciosas ou intrusões em sistemas de software e na monitorização do desempenho do software para identificar estrangulamentos de desempenho ou anomalias nas métricas do sistema.

Em conclusão, os métodos de deteção de anomalias são ferramentas indispensáveis na aprendizagem não supervisionada, permitindo aos engenheiros de software identificar e atenuar comportamentos anormais ou desvios nos sistemas de software. Ao tirar partido das técnicas de deteção de anomalias, os engenheiros de software podem melhorar a fiabilidade, a segurança e o desempenho do software, garantindo assim a robustez e a eficácia dos sistemas de software em ambientes reais.

Conclusão

O Capítulo 4 explora a intrincada paisagem dos métodos de aprendizagem não supervisionada, abrangendo algoritmos de agrupamento, técnicas de redução de dimensionalidade e métodos de deteção de anomalias. Ao longo do capítulo, aprofundámos os princípios subjacentes, as metodologias e as aplicações destas técnicas de aprendizagem não supervisionada no domínio da engenharia de software.

Os métodos de aprendizagem não supervisionada são ferramentas poderosas para descobrir padrões, estruturas e conhecimentos ocultos em dados não rotulados, que são comuns em aplicações de engenharia de software. Os algoritmos de agrupamento permitem aos engenheiros de software identificar agrupamentos naturais ou clusters em conjuntos de dados, facilitando a análise exploratória de dados, o reconhecimento de padrões e a segmentação. As técnicas de redução da dimensionalidade abordam a maldição da dimensionalidade, transformando dados de elevada dimensão em representações de dimensão inferior, preservando a informação relevante, o que ajuda na visualização, interpretação e análise dos dados. Os métodos de deteção de anomalias desempenham um papel crucial na identificação de padrões raros ou invulgares nos dados, permitindo aos engenheiros de software detetar e atenuar comportamentos anormais ou desvios nos sistemas de software.

A importância dos métodos de aprendizagem não supervisionada na engenharia de software não pode ser exagerada. Encontram diversas aplicações em vários domínios, incluindo manutenção de software, testes de software, segurança de software e monitorização do desempenho do software. Quer se trate da identificação de módulos ou componentes semelhantes na manutenção de software, da redução da dimensionalidade dos dados de teste no teste de software, da deteção de anomalias na segurança de software ou da monitorização de métricas de desempenho na monitorização do desempenho do software, os métodos de aprendizagem não supervisionada desempenham um papel vital na melhoria das práticas de engenharia de software.

Concluindo, o Capítulo 4 sublinha a importância crítica dos métodos de aprendizagem não supervisionada na engenharia de software, fornecendo aos engenheiros de software ferramentas indispensáveis para descobrir ideias ocultas, descobrir padrões significativos e extrair conhecimentos valiosos de dados não rotulados. Ao dominar os algoritmos de agrupamento, as técnicas de redução de dimensionalidade e os métodos de deteção de anomalias, os engenheiros de software podem desbloquear todo o potencial da aprendizagem não supervisionada, impulsionando a inovação e fornecendo soluções com impacto para desafios complexos de engenharia de software. Através da exploração e aplicação contínuas de métodos de aprendizagem não supervisionada, os engenheiros de software podem manter-se na vanguarda da inovação tecnológica, moldando o futuro das práticas de engenharia de software.

Capítulo 5. Aprendizagem profunda para engenharia de software

Introdução

O Capítulo 5 aprofunda o fascinante domínio da aprendizagem profunda e as suas aplicações na engenharia de software, onde as redes neuronais surgiram como ferramentas poderosas para resolver problemas complexos e extrair conhecimentos significativos de diversos conjuntos de dados. As técnicas de aprendizagem profunda, caracterizadas pela estrutura hierárquica das redes neurais artificiais, revolucionaram vários campos, incluindo visão computacional, processamento de linguagem natural e reconhecimento de fala. Neste capítulo, embarcamos em uma jornada para explorar os princípios, metodologias e aplicações da aprendizagem profunda no contexto da engenharia de software.

A introdução prepara o terreno, destacando o impacto transformador da aprendizagem profunda nas práticas de engenharia de software. A aprendizagem profunda, um subcampo da aprendizagem automática inspirado na estrutura e função do cérebro humano, tem atraído imensa atenção devido à sua capacidade de aprender automaticamente representações hierárquicas de dados. As redes neuronais, os blocos de construção dos modelos de aprendizagem profunda, são compostas por camadas interligadas de neurónios que processam dados de entrada e geram previsões de saída através de transformações não lineares. Ao tirar partido do poder das redes neuronais, os engenheiros de software podem abordar uma vasta gama de desafios de engenharia de software, desde a análise de código e testes de software até à manutenção e evolução de software.

O capítulo prossegue com a introdução dos conceitos fundamentais das redes neuronais, lançando luz sobre a sua arquitetura, processo de formação e algoritmos de aprendizagem. As redes neurais, particularmente as redes neurais profundas com várias camadas ocultas, exibem capacidades notáveis na captura de padrões complexos e dependências dentro dos dados, tornando-as bem adequadas para modelar relações intrincadas em artefactos de engenharia de software. Através de exemplos práticos e estudos de caso, os engenheiros de software adquirem conhecimentos sobre os aspectos práticos da formação e implementação de redes neuronais para várias tarefas de engenharia de software.

Posteriormente, o capítulo explora arquitecturas especializadas de redes neuronais, incluindo as redes neuronais convolucionais (CNN) e as redes neuronais recorrentes (RNN), que revolucionaram a visão computacional e as tarefas de processamento de dados sequenciais, respetivamente. As CNNs são excelentes na extração de características espaciais de imagens e são amplamente utilizadas em tarefas como a classificação de imagens, a deteção de objectos e a segmentação de imagens. As RNNs, por outro lado, foram concebidas para tratar dados sequenciais com dependências temporais e são utilizadas em tarefas como o processamento de linguagem natural, a previsão de séries temporais e a geração de sequências.

Além disso, o capítulo aborda a aprendizagem por transferência, uma técnica poderosa que aproveita modelos de aprendizagem profunda pré-treinados para iniciar a aprendizagem em novas tarefas com dados rotulados limitados. A aprendizagem por transferência permite que os engenheiros de software aproveitem o conhecimento codificado em modelos pré-treinados e o adaptem a tarefas de engenharia de software específicas do domínio, reduzindo assim a necessidade de grandes conjuntos de dados anotados e acelerando o desenvolvimento de modelos.

Em resumo, o Capítulo 5 embarca numa exploração abrangente da aprendizagem profunda para a engenharia de software, oferecendo aos engenheiros de software conhecimentos valiosos sobre os princípios, metodologias e aplicações das redes neuronais em diversos domínios da engenharia de software. Através de uma análise aprofundada das arquitecturas de redes neuronais, incluindo CNNs, RNNs e técnicas de aprendizagem por transferência, os engenheiros de software obtêm as ferramentas e técnicas necessárias para aproveitar o potencial transformador da aprendizagem profunda nas práticas de engenharia de software.

5.1 Introdução às redes neuronais

As redes neuronais, inspiradas na estrutura e funcionalidade do cérebro humano, surgiram como poderosos modelos computacionais capazes de aprender padrões e relações complexas a partir de dados. Nesta secção, apresentamos uma introdução às redes neuronais, explorando a sua arquitetura, funcionamento e aplicações na engenharia de software.

No seu núcleo, uma rede neuronal é composta por nós interligados, ou neurónios, organizados em camadas. Os neurónios de cada camada estão ligados aos neurónios das camadas adjacentes através de ligações ponderadas, que transmitem sinais entre neurónios. A arquitetura de uma rede neuronal é normalmente constituída por uma camada de entrada, uma ou mais camadas ocultas e uma camada de saída. A camada de entrada recebe dados brutos como entrada, que são depois processados através das camadas ocultas, onde ocorrem transformações complexas e extracções de características, conduzindo, em última análise, à geração de previsões de saída na camada de saída.

O funcionamento de uma rede neural é regido por um conjunto de parâmetros, incluindo pesos e polarizações, que são ajustados durante o processo de treinamento. Através de um processo conhecido como retropropagação, a rede aprende a atualizar estes parâmetros de forma iterativa, minimizando a diferença entre os resultados previstos e os rótulos reais em tarefas de aprendizagem supervisionada. Esse processo envolve o cálculo dos gradientes de uma função de perda em relação aos parâmetros da rede e o ajuste dos parâmetros na direção que reduz a perda, otimizando assim o desempenho da rede.

As redes neuronais são conhecidas pela sua capacidade de aprender representações complexas de dados, o que lhes permite destacarem-se numa vasta gama de tarefas, incluindo classificação, regressão, agrupamento e reconhecimento de padrões. Na engenharia de software, as redes neuronais encontram diversas aplicações em vários domínios, como a análise de código, os testes de software, a deteção de erros e a manutenção de software. Por exemplo, as redes neuronais podem ser treinadas para classificar trechos de código, identificar erros de software, prever defeitos de software e automatizar tarefas de manutenção de software, simplificando assim os processos de desenvolvimento de software e melhorando a sua qualidade.

À medida que as técnicas de aprendizagem profunda continuam a avançar, as redes neurais estão a tornar-se cada vez mais sofisticadas, capazes de lidar com conjuntos de dados em grande escala e modelar relações intrincadas dentro de artefactos de engenharia de software. Ao aproveitar o poder das redes neurais, os engenheiros de software podem desbloquear novas possibilidades na engenharia de software, permitindo a automação inteligente, a análise preditiva e a tomada de decisões orientada por dados.

Em suma, as redes neuronais representam um conceito fundamental na aprendizagem automática e na inteligência artificial, oferecendo aos engenheiros de software uma ferramenta versátil e poderosa para lidar com tarefas complexas de engenharia de software. Através de uma compreensão dos princípios e técnicas das redes neuronais, os engenheiros de software podem aproveitar o potencial transformador da aprendizagem profunda para impulsionar a inovação e fornecer soluções impactantes nas práticas de engenharia de software.

As redes neuronais registaram um ressurgimento notável nos últimos anos, impulsionado pelos avanços na aceleração do hardware, pelas inovações algorítmicas e pela disponibilidade de conjuntos de dados em grande escala. Este ressurgimento conduziu ao desenvolvimento de redes neuronais profundas, caracterizadas pela sua capacidade de aprender representações hierárquicas de dados através de múltiplas camadas de abstração. As redes neuronais profundas têm demonstrado um desempenho excecional em vários domínios, incluindo a visão computacional, o processamento de linguagem natural, o reconhecimento da fala e a aprendizagem por reforço, estabelecendo novos padrões de referência em termos de precisão e eficiência.

Um dos principais pontos fortes das redes neuronais reside na sua capacidade de aprender automaticamente representações de dados a partir de dados brutos, eliminando a necessidade de engenharia manual de características. Este paradigma de aprendizagem de ponta a ponta permite às redes neuronais captar padrões e dependências intrincados nos dados, o que as torna adequadas para tarefas em que as abordagens tradicionais de aprendizagem automática podem ter dificuldades, como a classificação de imagens, a tradução de línguas e o jogo. Além disso, a flexibilidade e a escalabilidade das arquitecturas das redes neuronais permitem-lhes adaptarse a diversas modalidades de dados e domínios problemáticos, desde dados tabulares estruturados a dados não estruturados de texto, áudio e vídeo.

No contexto da engenharia de software, as redes neuronais oferecem uma infinidade de oportunidades para revolucionar as práticas tradicionais de desenvolvimento de software. Por exemplo, na análise e compreensão de código, as redes neuronais podem ser treinadas para extrair automaticamente representações semânticas do código-fonte, permitindo tarefas como resumo de código, conclusão de código e recomendação de código. No teste de software, as redes neuronais podem ajudar na geração de casos de teste, na identificação de oráculos de teste e na previsão de defeitos de software, conduzindo a processos de teste mais eficazes e eficientes. Além disso, na manutenção e evolução de software, as redes neuronais podem facilitar tarefas como a deteção de erros de software, a refacção de código e a recomendação de artefactos de software, ajudando os programadores a navegar e a gerir grandes bases de código de forma mais eficaz.

À medida que o campo das redes neuronais continua a evoluir, impulsionado pelos esforços contínuos de investigação e desenvolvimento, as potenciais aplicações na engenharia de software são ilimitadas. Desde ferramentas automatizadas de desenvolvimento de software a plataformas inteligentes de análise de software, as redes neuronais estão preparadas para desempenhar um papel central na definição do futuro das práticas de engenharia de software. Ao adotar as tecnologias de redes neuronais e integrá-las nos seus fluxos de trabalho, os engenheiros de software podem desbloquear novos níveis de produtividade, inovação e qualidade no desenvolvimento e manutenção de software.

5.2 Redes Neuronais Convolucionais (CNNs)

As Redes Neuronais Convolucionais (CNN) representam uma classe especializada de redes neuronais concebidas para processar dados de grelha estruturados, como imagens, de forma eficiente e eficaz. Nesta secção, aprofundamos os meandros das CNNs, explorando a sua arquitetura, operações e aplicações em engenharia de software.

No centro das CNNs está a camada convolucional, responsável pela deteção de padrões e características locais nos dados de entrada. Ao contrário das camadas tradicionais totalmente ligadas nas redes neuronais, as camadas convolucionais consistem em filtros aprendíveis, ou kernels, que convergem sobre os dados de entrada, extraindo características espaciais através de um processo conhecido como convolução. Ao partilhar parâmetros em diferentes regiões dos dados de entrada, as camadas convolucionais podem captar a invariância translacional e as hierarquias espaciais das características, o que as torna adequadas para tarefas como a classificação de imagens, a deteção de objectos e a segmentação de imagens.

A arquitetura de uma CNN típica compreende várias camadas, incluindo camadas convolucionais, camadas de agrupamento e camadas totalmente ligadas. As camadas convolucionais extraem características hierárquicas dos dados de entrada, enquanto as camadas de pooling reduzem a amostragem dos mapas de características, reduzindo as suas dimensões espaciais e a complexidade computacional. As camadas totalmente ligadas agregam as características extraídas e geram as previsões finais de saída, que podem corresponder a rótulos de classe em tarefas de classificação ou a valores numéricos em tarefas de regressão.

Um dos principais pontos fortes das CNN reside na sua capacidade de aprender automaticamente representações hierárquicas de dados visuais, permitindo-lhes captar padrões e estruturas complexas nas imagens. Através da disposição hierárquica das camadas convolucionais, as CNN podem extrair características de baixo nível, como arestas e texturas, nas camadas iniciais, e aprender progressivamente características de nível superior, como partes de objectos e conceitos semânticos, nas camadas mais profundas. Este processo hierárquico de aprendizagem de características permite que as CNNs atinjam um desempenho de ponta em várias tarefas de visão por computador, ultrapassando o desempenho ao nível humano em tarefas como o reconhecimento de imagens e a deteção de objectos.

Na engenharia de software, as CNN encontram diversas aplicações em vários domínios, nomeadamente em tarefas que envolvem a análise e o processamento de imagens. Por exemplo, na deteção de defeitos de software, as CNNs podem ser treinadas para classificar imagens de artefactos de software, tais como fragmentos de código ou capturas de ecrã, como defeituosas ou sem defeitos, ajudando os programadores a identificar e resolver defeitos de software de forma mais eficiente. Da mesma forma, na visualização de software, as CNNs podem ser utilizadas para analisar e interpretar representações visuais de artefactos de software, tais como diagramas de arquitetura de software ou gráficos de dependência de código, permitindo aos programadores obter informações sobre a estrutura e o comportamento de sistemas de software complexos.

Em conclusão, as Redes Neuronais Convolucionais (CNN) representam uma ferramenta poderosa para o processamento e análise de dados de grelha estruturados, como imagens, em aplicações de engenharia de software. Tirando partido das suas capacidades de aprendizagem de características hierárquicas, as CNNs permitem aos engenheiros de software extrair conhecimentos significativos de dados visuais, automatizar tarefas entediantes e melhorar a eficiência e a eficácia de vários processos de engenharia de software. À medida que as CNNs continuam a evoluir e a progredir, impulsionadas pelos esforços contínuos de investigação e desenvolvimento, as suas potenciais aplicações na engenharia de software são ilimitadas, oferecendo novas oportunidades de inovação e descoberta neste domínio.

As Redes Neuronais Convolucionais (CNN) revolucionaram o domínio da visão computacional, permitindo que as máquinas interpretem e compreendam dados visuais com uma precisão e eficiência semelhantes às dos seres humanos. O sucesso das CNNs pode ser atribuído às suas características arquitectónicas únicas, como a conetividade local, a partilha de parâmetros e a aprendizagem hierárquica de características, que as tornam particularmente adequadas para tarefas que envolvem dados estruturados espacialmente, como as imagens.

Nas CNNs, as camadas convolucionais actuam como extractores de características, detectando padrões e estruturas significativos nas imagens de entrada. Ao convoluir filtros aprendíveis sobre os dados de entrada, as CNNs são capazes de captar características locais, como arestas, cantos e texturas, em diferentes localizações espaciais. Através da utilização de funções de ativação não-lineares, como a ReLU (Unidade Linear Rectificada), as CNN introduzem a não-linearidade no modelo, permitindo-lhes aprender mapeamentos complexos entre os dados de entrada e de saída.

As camadas de agrupamento desempenham um papel crucial na redução das dimensões espaciais dos mapas de características, reduzindo assim a complexidade computacional e aumentando a robustez do modelo a translações e distorções espaciais nos dados de entrada. As operações comuns de agrupamento incluem o agrupamento máximo e o agrupamento médio, que reduzem a amostragem dos mapas de características tomando o valor máximo ou médio em cada região de agrupamento, respetivamente.

O sucesso das CNN em tarefas de visão computacional pode ser atribuído à sua capacidade de aprender representações hierárquicas de dados visuais. Através da disposição sucessiva de camadas convolucionais e de pooling, as CNN extraem progressivamente características de nível superior, como partes de objectos e conceitos semânticos, a partir dos valores brutos de píxeis das imagens de entrada. Este processo hierárquico de aprendizagem de características permite às CNNs obter um desempenho superior em tarefas como a classificação de imagens, a deteção de objectos e a segmentação de imagens.

Nos últimos anos, as CNN também têm sido aplicadas a várias tarefas de engenharia de software, tirando partido das suas capacidades de análise e processamento de imagens. Por exemplo, na previsão de defeitos de software, as CNN podem analisar imagens de artefactos de software, como fragmentos de código ou capturas de ecrã, para identificar potenciais defeitos ou anomalias, ajudando os programadores na depuração e resolução de problemas de software. Do mesmo modo, na visualização de software, as CNN podem ser utilizadas para interpretar representações visuais de artefactos de software, como diagramas UML ou gráficos de arquitetura de software, permitindo aos programadores obter informações sobre os aspectos estruturais e comportamentais de sistemas de software complexos.

Em conclusão, as Redes Neuronais Convolucionais (CNN) representam um paradigma poderoso para o processamento e análise de dados visuais, com aplicações que abrangem uma vasta gama de domínios, incluindo a visão computacional e a engenharia de software. Tirando partido das suas capacidades de aprendizagem de características hierárquicas, as CNN permitem às máquinas extrair informações significativas de imagens em bruto, facilitando a automatização, a tomada de decisões e a resolução de problemas em diversos domínios de aplicação. À medida que as CNNs continuam a evoluir e a progredir, impulsionadas pelos esforços contínuos de investigação e desenvolvimento, espera-se que o seu impacto na engenharia de software e noutros domínios aumente, abrindo novas vias para a inovação e a descoberta nos próximos anos.

5.3 Redes Neuronais Recorrentes (RNNs)

As redes neurais recorrentes (RNNs) representam uma classe de redes neurais concebidas para processar dados sequenciais, capturando dependências e padrões temporais. Nesta secção, aprofundamos o funcionamento das RNNs, explorando a sua arquitetura, mecanismos e aplicações na engenharia de software.

No centro das RNNs está a ligação recorrente, que permite que a informação persista ao longo do tempo, passando representações de estados ocultos de um passo de tempo para o seguinte. Ao contrário das redes neurais feedforward, em que a informação flui estritamente numa direção, as RNNs incorporam circuitos de feedback que lhes permitem manter a informação do estado interno e processar sequências de entradas de comprimento arbitrário. Essa estrutura recorrente torna as RNNs adequadas para tarefas que envolvem dados seqüenciais, como previsão de séries temporais, processamento de linguagem natural e tomada de decisões seqüenciais.

A arquitetura de uma RNN típica inclui várias camadas recorrentes, em que cada camada é constituída por unidades recorrentes, ou células, que processam sequências de entrada e actualizam os seus estados internos iterativamente. O estado oculto de cada unidade recorrente funciona como um mecanismo de memória que retém informações sobre etapas de tempo anteriores, permitindo que a rede capture dependências de longo prazo nas seqüências de entrada. Através do uso de conexões recorrentes e funções de ativação, como a tangente hiperbólica (tanh) ou a unidade linear retificada (ReLU), as RNNs são capazes de aprender padrões temporais complexos e dinâmicas em dados seqüenciais.

Um dos principais pontos fortes das RNNs reside na sua capacidade de modelar sequências de dados com comprimentos variáveis, o que as torna adequadas para tarefas como a compreensão da linguagem natural, o reconhecimento de voz e a previsão de séries temporais. Ao processar sequências de entrada um passo de tempo de cada vez e atualizar os seus estados ocultos recursivamente, as RNNs podem captar a estrutura sequencial e o contexto dos dados, permitindo-lhes fazer previsões e tomar decisões contextualmente informadas.

Na engenharia de software, as RNNs encontram diversas aplicações em vários domínios, nomeadamente em tarefas que envolvem o processamento sequencial de dados. Por exemplo, no processamento de linguagem natural, as RNNs podem ser utilizadas para modelar dados de texto sequenciais, como trechos de código ou documentação, e gerar respostas ou previsões contextualmente relevantes. Do mesmo modo, na análise de registos de software, as RNNs podem analisar sequências de entradas de registos para detetar anomalias ou padrões indicativos de falhas do sistema ou problemas de desempenho, ajudando nas tarefas de resolução de problemas e de depuração.

Apesar da sua eficácia na captação de dependências temporais, as RNNs tradicionais sofrem com o problema dos gradientes de fuga, em que os gradientes se tornam exponencialmente pequenos durante a retropropagação, dificultando a aprendizagem de dependências de longo alcance. Para resolver este problema, foram propostas várias variantes de RNNs, incluindo redes de Memória de Curto Prazo Longo (LSTM) e Unidades Recorrentes Gated (GRUs), que incorporam mecanismos de regulação do fluxo de informação e atenuam o problema do gradiente de fuga.

Em conclusão, as Redes Neuronais Recorrentes (RNNs) representam uma ferramenta poderosa para o processamento e modelação de dados sequenciais, com aplicações que vão desde o processamento de linguagem natural à análise de séries temporais e muito mais. Ao tirar partido das suas ligações recorrentes e mecanismos de memória, as RNN permitem aos engenheiros de software extrair conhecimentos significativos de dados sequenciais, automatizar tarefas repetitivas e tomar decisões contextualmente informadas, melhorando assim a eficiência e a eficácia de vários processos de engenharia de software. À medida que as RNNs continuam a evoluir e a progredir, impulsionadas pelos esforços de investigação e desenvolvimento em curso, as suas potenciais aplicações na engenharia de software estão prontas a expandir-se, oferecendo novas oportunidades de inovação e descoberta neste domínio.

5.4 Aprendizagem por transferência

A aprendizagem por transferência é uma técnica de aprendizagem automática que aproveita os conhecimentos adquiridos na resolução de um problema para ajudar a resolver um problema relacionado, mas diferente. Nesta secção, exploramos o conceito de aprendizagem por transferência, os seus mecanismos e as suas aplicações na engenharia de software.

Na sua essência, a aprendizagem por transferência envolve a reutilização de conhecimentos ou representações adquiridos num domínio (ou tarefa) de origem para melhorar a aprendizagem num domínio (ou tarefa) de destino. Em vez de treinar um modelo a partir do zero na tarefa-alvo, a aprendizagem por transferência permite a reutilização de modelos pré-treinados ou de características aprendidas numa tarefa relacionada, acelerando assim o processo de aprendizagem e melhorando o desempenho da generalização, especialmente quando a tarefa-alvo tem dados rotulados limitados.

Um dos principais mecanismos da aprendizagem por transferência é a reutilização de características, em que as características aprendidas por um modelo na tarefa de origem são transferidas e afinadas para a tarefa de destino. Ao tirar partido das representações aprendidas no domínio de origem, a aprendizagem por transferência permite ao modelo captar padrões e relações relevantes no domínio de destino de forma mais eficaz, mesmo com dados rotulados limitados. Esta abordagem é particularmente vantajosa em cenários em que a recolha de dados etiquetados para a tarefa alvo é dispendiosa, demorada ou impraticável.

A aprendizagem por transferência pode ser aplicada de várias formas, consoante a disponibilidade de dados rotulados e a semelhança entre os domínios de origem e de destino. Nos casos em que os domínios de origem e de destino partilham características ou conceitos de baixo nível semelhantes, pode ser eficaz afinar todo o modelo pré-treinado na tarefa de destino. Em alternativa, se os domínios de origem e de destino diferirem significativamente, pode ser mais adequado extrair e utilizar características de camadas intermédias do modelo pré-treinado como representações fixas (extração de características).

Na engenharia de software, a aprendizagem por transferência encontra diversas aplicações em vários domínios, particularmente em tarefas que envolvem dados rotulados limitados ou adaptação do domínio. Por exemplo, na previsão de defeitos de software, a aprendizagem por transferência pode ser utilizada para transferir conhecimentos de projectos de origem com dados abundantes sobre defeitos para projectos de destino com dados limitados sobre defeitos, permitindo uma previsão e prevenção de defeitos mais precisas. Do mesmo modo, na análise de código de software, a aprendizagem por transferência pode tirar partido de modelos de linguagem pré-treinados, como o BERT ou o GPT, para extrair contextos para fragmentos de código, permitindo tarefas como a conclusão de código, o resumo de código e a compreensão de código.

De um modo geral, a aprendizagem por transferência representa uma técnica poderosa para tirar partido dos conhecimentos e recursos existentes para melhorar a aprendizagem e o desempenho em novas tarefas ou domínios. Ao permitir a reutilização de modelos ou recursos pré-treinados, a aprendizagem por transferência facilita a transferência e adaptação de conhecimentos, conduzindo a processos de aprendizagem mais eficientes e eficazes na engenharia de software. À medida que a aprendizagem por transferência continua a evoluir e a ser aplicada em diversos contextos, o seu potencial para impulsionar a inovação e enfrentar os desafios do mundo real na engenharia de software só continuará a crescer.

A aprendizagem por transferência ganhou grande atenção e popularidade nos últimos anos devido à sua capacidade de enfrentar os desafios da disponibilidade limitada de dados, da mudança de domínio e dos recursos computacionais nas tarefas de aprendizagem automática. Uma das principais vantagens da aprendizagem por transferência é a sua capacidade de aproveitar os conhecimentos adquiridos em conjuntos de dados de grande escala ou tarefas relacionadas e aplicá-los a tarefas novas e inéditas, melhorando assim o desempenho da generalização e reduzindo a necessidade de dados de formação extensivos.

Na prática, a aprendizagem por transferência pode ser implementada utilizando várias estratégias, dependendo das características específicas dos domínios de origem e de destino. Uma abordagem comum é a afinação fina, em que um modelo pré-treinado é inicializado com pesos aprendidos na tarefa de origem e depois afinado na tarefa de destino, utilizando um conjunto de dados mais pequeno. A afinação fina permite que o modelo adapte os seus parâmetros ao domínio de destino, ao mesmo tempo que retém conhecimentos valiosos adquiridos no domínio de origem. Outra abordagem é a extração de características, em que o modelo pré-treinado é utilizado como um extrator de características e as representações aprendidas das camadas intermédias são utilizadas como características de entrada para treinar um novo classificador ou modelo na tarefa-alvo. Esta abordagem é particularmente útil quando os domínios de origem e de destino partilham características de baixo nível semelhantes, mas diferem em conceitos de nível superior.

Para além de melhorar o desempenho e a generalização do modelo, a aprendizagem por transferência também oferece vantagens práticas, como a redução do tempo de formação e dos recursos computacionais. Ao tirar partido de modelos ou características pré-treinados, a aprendizagem por transferência permite uma convergência mais rápida e requer menos iterações de treino na tarefa-alvo, o que leva a tempos de treino mais curtos e a custos computacionais mais baixos. Isto é especialmente benéfico em cenários em que os dados de formação são escassos ou os recursos computacionais são limitados, uma vez que a aprendizagem por transferência permite que os modelos atinjam um desempenho competitivo com o mínimo de dados e recursos computacionais.

Além disso, a aprendizagem por transferência promove a partilha de conhecimentos e a colaboração na comunidade da aprendizagem automática, facilitando a reutilização e a divulgação de modelos e representações pré-treinados. Os modelos pré-treinados, treinados em conjuntos de dados de grande escala ou em tarefas de referência, podem ser disponibilizados ao público, permitindo aos investigadores e profissionais desenvolver os conhecimentos existentes e acelerar os progressos em vários domínios de aplicação. Este aspeto colaborativo da aprendizagem por transferência contribui para a democratização da aprendizagem automática e promove o desenvolvimento de soluções de aprendizagem automática mais robustas e acessíveis.

Em resumo, a aprendizagem por transferência representa uma técnica versátil e poderosa para tirar partido dos conhecimentos e recursos existentes para melhorar a aprendizagem e o desempenho em novas tarefas ou domínios. Ao permitir a transferência de conhecimentos e a adaptação em diferentes tarefas e domínios, a aprendizagem por transferência possibilita soluções de aprendizagem automática mais eficientes e eficazes, tornando-a uma ferramenta valiosa para enfrentar os desafios do mundo real em diversas áreas de aplicação, incluindo a engenharia de software, a visão computacional, o processamento de linguagem natural e muito mais. À medida que a investigação sobre a aprendizagem por transferência continua a avançar e são desenvolvidas novas metodologias, o potencial da aprendizagem por transferência para impulsionar a inovação e resolver problemas complexos continuará a crescer.

Conclusão

Concluindo, este capítulo apresentou uma exploração aprofundada da aprendizagem por transferência e da sua importância no domínio da aprendizagem automática, em particular no contexto das aplicações de engenharia de software. Através da análise de vários mecanismos, estratégias e casos de utilização no mundo real, obtivemos informações valiosas sobre o poder e a versatilidade da aprendizagem por transferência como uma técnica para aproveitar o conhecimento e os recursos existentes para melhorar o desempenho do modelo e enfrentar os desafios associados à disponibilidade limitada de dados, à mudança de domínio e às restrições computacionais.

A aprendizagem por transferência oferece uma solução convincente para o problema da escassez de dados, que é um desafio comum em muitas tarefas de aprendizagem automática, incluindo as encontradas na engenharia de software. Ao tirar partido de modelos pré-treinados ou de características aprendidas em tarefas ou domínios relacionados, a aprendizagem por transferência permite que os modelos beneficiem da riqueza de conhecimentos contidos em conjuntos de dados de grande escala, mesmo quando os dados rotulados para a tarefa-alvo são limitados ou não estão disponíveis. Esta capacidade de transferir conhecimentos entre domínios permite que os modelos generalizem de forma mais eficaz e atinjam um desempenho competitivo com menos dados de treino, tornando a aprendizagem por transferência uma ferramenta valiosa para acelerar o desenvolvimento e a implementação de modelos em aplicações de engenharia de software.

Além disso, a aprendizagem por transferência promove a partilha de conhecimentos e a colaboração na comunidade da aprendizagem automática, permitindo a reutilização e a divulgação de modelos e representações pré-treinados. Ao tornar publicamente disponíveis modelos pré-treinados treinados em conjuntos de dados ou tarefas de referência, os investigadores e profissionais podem tirar partido das competências existentes e desenvolver o conhecimento coletivo da comunidade, acelerando o progresso e promovendo a inovação em vários domínios de aplicação. Este aspeto colaborativo da aprendizagem por transferência promove a democratização da aprendizagem automática e contribui para o desenvolvimento de soluções de aprendizagem automática mais robustas e acessíveis para tarefas de engenharia de software.

Além disso, a aprendizagem por transferência oferece vantagens práticas em termos de redução do tempo de formação e dos recursos computacionais, que são considerações críticas em aplicações de engenharia de software. Ao tirar partido de modelos ou características pré-treinados, a aprendizagem por transferência permite uma convergência mais rápida e requer menos iterações de treino na tarefa-alvo, o que leva a tempos de treino mais curtos e a custos computacionais mais baixos. Isto é particularmente benéfico em cenários em que os dados de formação são escassos ou os recursos computacionais são limitados, uma vez que a aprendizagem por transferência permite que os modelos atinjam um desempenho competitivo com o mínimo de dados e recursos computacionais, tornando a aprendizagem automática mais acessível e escalável para tarefas de engenharia de software.

Além disso, a aprendizagem por transferência facilita a adaptação e a personalização de modelos para domínios ou tarefas-alvo específicos, permitindo que os modelos aprendam características e padrões específicos do domínio de forma mais eficaz. Através de técnicas de afinação ou de extração de características, a aprendizagem por transferência permite que os modelos adaptem as suas representações às características únicas do domínio-alvo, melhorando assim o desempenho e a robustez da generalização. Esta adaptabilidade da aprendizagem por transferência torna-a uma ferramenta valiosa para lidar com a mudança de domínio e a heterogeneidade nas aplicações de engenharia de software, em que os modelos têm de funcionar em ambientes diversos e dinâmicos.

Em resumo, a aprendizagem por transferência representa uma técnica poderosa para tirar partido dos conhecimentos e recursos existentes para melhorar a aprendizagem e o desempenho em novas tarefas ou domínios, oferecendo oportunidades valiosas para melhorar vários processos de engenharia de software. Ao permitir a transferência de conhecimentos e a adaptação em diferentes tarefas e domínios, a aprendizagem por transferência permite soluções de aprendizagem automática mais eficientes e eficazes, o que a torna uma ferramenta valiosa para enfrentar os desafios do mundo real em diversas áreas de aplicação, incluindo a engenharia de software. À medida que a investigação sobre a aprendizagem por transferência continua a avançar e são desenvolvidas novas metodologias, o potencial da aprendizagem por transferência para impulsionar a inovação e resolver problemas complexos na engenharia de software continuará a crescer.

Capítulo 6. Aplicações da aprendizagem automática em testes de software

Introdução

Neste capítulo, o foco passa a ser a exploração da integração de técnicas de aprendizagem automática nos testes de software, uma fase fundamental do ciclo de vida do desenvolvimento de software dedicada a garantir a qualidade, fiabilidade e resiliência do software. À medida que os sistemas de software se tornam mais complexos, os métodos de teste tradicionais enfrentam desafios para acompanhar a evolução das necessidades de desenvolvimento. A aprendizagem automática oferece soluções inovadoras para automatizar e otimizar vários aspectos dos testes de software, com o objetivo de aumentar a eficiência, a eficácia e a precisão.

Uma das principais aplicações da aprendizagem automática em testes de software é a priorização de casos de teste. Esta técnica tem como objetivo identificar e classificar os casos de teste com base no seu potencial para descobrir falhas ou defeitos no software. Ao analisar dados históricos de testes, alterações de código e relatórios de defeitos, os modelos de aprendizagem automática podem discernir padrões e correlações entre casos de teste e defeitos de software. Esses modelos permitem que os métodos de priorização atribuam recursos de teste de forma mais eficaz, reduzindo assim o tempo de teste e aumentando a probabilidade de detetar defeitos críticos numa fase inicial.

Outra área importante em que a aprendizagem automática está a fazer progressos nos testes de software é a previsão de falhas. Esta área envolve a previsão da probabilidade de módulos ou componentes específicos conterem falhas com base em várias métricas de software. Utilizando algoritmos de aprendizagem automática, os modelos podem aprender a partir de padrões em métricas como a complexidade do código e a rotatividade do código para identificar potenciais pontos problemáticos no software. Isto permite que os testadores concentrem os seus esforços em áreas de alto risco, melhorando as taxas de deteção de defeitos e a eficiência geral dos testes.

Além disso, as técnicas de aprendizagem automática desempenham um papel crucial na otimização de conjuntos de testes, colecções de casos de teste destinados a atingir objectivos de teste específicos. A otimização do conjunto de testes envolve a seleção de um subconjunto de casos de teste que maximizam a eficácia dos testes, minimizando a redundância. Ao analisar dados de teste históricos e artefactos de software, os modelos de aprendizagem automática podem identificar casos de teste redundantes ou irrelevantes e recomendar um subconjunto ideal. Isso simplifica o processo de teste, reduzindo as despesas gerais e mantendo ou até mesmo melhorando a cobertura de teste e as capacidades de deteção de defeitos.

Em geral, a integração da aprendizagem automática nos testes de software tem um enorme potencial para revolucionar as práticas de teste e enfrentar os desafios colocados pelo desenvolvimento de software moderno. Ao automatizar e otimizar vários aspectos dos testes, as técnicas de aprendizagem automática permitem aos testadores fornecer sistemas de software mais fiáveis e de maior qualidade. Neste capítulo, aprofundamos os princípios, as metodologias e as aplicações reais do aprendizado de máquina na priorização de casos de teste, na previsão de falhas e na otimização de conjuntos de testes, lançando luz sobre os benefícios e os desafios dessa integração no teste de software.

6.1 Priorização de casos de teste

A priorização de casos de teste é uma técnica crítica dentro dos testes de software, com o objetivo de otimizar a ordem em que os casos de teste são executados com base no seu potencial para descobrir falhas de forma eficiente. Nesta secção, aprofundamos os princípios, metodologias e aplicações da Priorização de Casos de Teste, explorando a forma como a aprendizagem automática melhora este processo para garantir a deteção eficaz de defeitos e a alocação de recursos de teste.

Tradicionalmente, os casos de teste são executados de forma sequencial ou aleatória, o que pode não ser a abordagem mais eficiente, especialmente em cenários onde o tempo e os recursos são limitados. A Priorização de Casos de Teste, alimentada por algoritmos de aprendizado de máquina, oferece uma abordagem mais inteligente, aproveitando dados históricos, alterações de código e relatórios de defeitos para priorizar casos de teste com base em sua probabilidade de descobrir defeitos críticos. Ao aprender a partir de padrões e relações nos dados, os modelos de aprendizagem automática podem priorizar eficazmente os casos de teste, melhorando a eficiência dos testes e reduzindo o tempo de correção dos defeitos identificados.

Uma das principais vantagens da Priorização de Casos de Teste é a sua capacidade de maximizar a deteção de defeitos com recursos de teste limitados. Ao concentrar-se primeiro nos casos de teste de alta prioridade, a priorização de casos de teste garante que os defeitos críticos sejam identificados no início do processo de teste, permitindo que os desenvolvedores os resolvam prontamente e reduzindo o risco de falhas no estágio final. Os algoritmos de aprendizagem automática desempenham um papel crucial neste processo, analisando dados históricos de testes e identificando padrões indicativos de defeitos críticos, permitindo que os testadores atribuam recursos de teste de forma mais eficaz.

Além disso, a priorização de casos de teste aumenta a eficiência geral do processo de teste, reduzindo o tempo e o esforço de teste. Ao dar prioridade aos casos de teste com base no seu potencial para descobrir falhas, a priorização de casos de teste permite que os testadores atinjam taxas mais altas de deteção de defeitos com menos casos de teste, levando a ciclos de teste mais curtos e a uma redução das despesas gerais de teste. Isto não só acelera o ciclo de vida do desenvolvimento de software, como também assegura que os recursos de teste são utilizados de forma mais eficiente, melhorando, em última análise, a qualidade e a fiabilidade do produto de software.

Além disso, a priorização de casos de teste aumenta a agilidade e a capacidade de resposta do processo de desenvolvimento de software, permitindo ciclos de feedback mais rápidos. Ao identificar defeitos críticos logo no início, a Priorização de Casos de Teste permite que os desenvolvedores resolvam os problemas prontamente e façam melhorias no software mais rapidamente. Esta abordagem iterativa aos testes e à resolução de defeitos promove uma cultura de melhoria contínua, em que a qualidade e a fiabilidade do software são continuamente aperfeiçoadas com base no feedback do mundo real e nos resultados dos testes.

Concluindo, a Priorização de Casos de Teste, com base na aprendizagem automática, oferece uma abordagem estratégica aos testes de software que maximiza a deteção de defeitos e optimiza os recursos de teste. Ao aproveitar dados históricos e algoritmos de aprendizado de máquina, a priorização de casos de teste permite que os testadores identifiquem defeitos críticos com eficiência, reduzam o tempo e o esforço de teste e melhorem a qualidade geral e a confiabilidade dos produtos de software. Nesta secção, aprofundamos os princípios, metodologias e aplicações reais da Priorização de Casos de Teste, destacando a sua importância nas práticas modernas de teste de software.

6.2 Previsão de falhas

A Previsão de Falhas, um aspeto fundamental do teste de software, envolve a previsão da probabilidade de módulos ou componentes específicos conterem falhas ou defeitos. Esta secção explora os princípios, metodologias e aplicações da Previsão de Falhas, focando particularmente a forma como as técnicas de aprendizagem automática melhoram este processo para melhorar a deteção de defeitos e a qualidade do software.

Tradicionalmente, a identificação de potenciais falhas em sistemas de software tem sido uma tarefa desafiadora e trabalhosa, muitas vezes baseada em inspeção manual ou técnicas de análise de código estático. No entanto, com o advento do aprendizado de máquina, a Previsão de Falhas evoluiu para um processo orientado por dados que aproveita dados históricos, métricas de código e relatórios de defeitos para identificar áreas da base de código com maior probabilidade de conter falhas. Ao analisar padrões e correlações nos dados, os modelos de aprendizado de máquina podem prever efetivamente quais módulos ou componentes estão em maior risco de conter defeitos, permitindo que os testadores priorizem seus esforços de teste de acordo.

Uma das principais vantagens da Previsão de Falhas é a sua capacidade de concentrar os esforços de teste em áreas de alto risco da base de código, maximizando assim as taxas de deteção de defeitos e optimizando os recursos de teste. Ao identificar módulos ou componentes com maior probabilidade de conter falhas, a Previsão de Falhas permite que os testadores aloquem os seus recursos de teste limitados de forma mais eficaz, garantindo que os defeitos críticos são identificados no início do processo de teste. Esta abordagem proactiva à deteção de defeitos não só melhora a qualidade do software, como também reduz o risco de falhas dispendiosas na produção.

Além disso, a Previsão de Falhas aumenta a eficiência do ciclo de vida do desenvolvimento de software, permitindo que os programadores resolvam preventivamente potenciais problemas antes que estes se manifestem em defeitos críticos. Ao identificar áreas de alto risco da base de código desde o início, a Previsão de Falhas permite que os programadores dêem prioridade às revisões de código, aos esforços de refacção e às actividades de teste adicionais, reduzindo assim o risco de propagação de defeitos para fases posteriores do desenvolvimento. Esta abordagem proactiva à prevenção de defeitos ajuda a reduzir o retrabalho, a melhorar a produtividade do desenvolvimento e a acelerar o tempo de colocação no mercado dos produtos de software.

Além disso, a Previsão de falhas promove uma cultura de melhoria contínua nas equipas de desenvolvimento de software, fornecendo informações accionáveis sobre a qualidade e a fiabilidade da base de código. Ao analisar dados históricos de defeitos e identificar padrões indicativos de potenciais falhas, a Previsão de Falhas permite às equipas identificar áreas de melhoria, implementar iniciativas de qualidade de código direccionadas e acompanhar o progresso ao longo do tempo. Esta abordagem orientada por dados à gestão de defeitos permite às equipas aperfeiçoar iterativamente as suas práticas de desenvolvimento e melhorar a qualidade geral e a fiabilidade dos seus produtos de software.

Em conclusão, a Previsão de Falhas, com base na aprendizagem automática, oferece uma abordagem proactiva à deteção e gestão de defeitos que melhora a qualidade, a fiabilidade e a capacidade de manutenção do software. Ao utilizar dados históricos e algoritmos de aprendizagem automática, a Previsão de Falhas permite que os testadores e os programadores identifiquem áreas de alto risco da base de código, dêem prioridade aos esforços de teste e resolvam preventivamente potenciais problemas antes que estes afectem a qualidade do software. Nesta secção, aprofundamos os princípios, metodologias e aplicações reais da Previsão de Falhas, destacando a sua importância nas práticas modernas de teste de software.

6.3 Otimização do conjunto de testes

A otimização do conjunto de testes é um componente crítico dos testes de software, que visa selecionar um subconjunto de casos de teste de um conjunto de testes maior para atingir objectivos de teste específicos, minimizando a redundância e a utilização de recursos. Nesta secção, exploramos os princípios, metodologias e aplicações da Otimização de Conjuntos de

Testes, focando particularmente a forma como as técnicas de aprendizagem automática melhoram este processo para melhorar a eficiência e eficácia dos testes.

Tradicionalmente, os conjuntos de testes contêm um grande número de casos de teste concebidos para validar vários aspectos do software em teste, como a funcionalidade, o desempenho e a fiabilidade. No entanto, a execução de todo o conjunto de testes pode consumir muito tempo e recursos, especialmente em projectos de software de grande escala. A otimização do conjunto de testes aborda este desafio seleccionando um subconjunto de casos de teste que atingem os objectivos de teste desejados, minimizando a redundância e a sobreposição entre casos de teste.

A aprendizagem automática desempenha um papel crucial na otimização do conjunto de testes, analisando dados históricos de testes, alterações de código e relatórios de defeitos para identificar padrões e relações entre casos de teste e defeitos de software. Ao aprender com os resultados de testes anteriores, os modelos de aprendizagem automática podem prever quais os casos de teste com maior probabilidade de descobrir falhas ou defeitos, permitindo que os testadores priorizem a sua execução em conformidade. Esta abordagem proactiva à seleção de casos de teste maximiza as taxas de deteção de defeitos, minimizando o tempo e o esforço de teste.

Uma das principais vantagens da Otimização do Conjunto de Testes é sua capacidade de simplificar o processo de teste e reduzir a sobrecarga de teste. Ao selecionar um subconjunto de casos de teste que fornecem uma cobertura adequada do software a ser testado, a Otimização do Conjunto de Testes permite que os testadores atinjam os objectivos de teste desejados com menos casos de teste, levando a ciclos de teste mais curtos e a uma colocação mais rápida no mercado dos produtos de software. Isto não só melhora a eficiência dos testes, como também liberta recursos para outras actividades de teste, tais como testes exploratórios ou testes de desempenho.

Além disso, a Otimização do Conjunto de Testes melhora a qualidade geral e a confiabilidade dos produtos de software, garantindo uma cobertura de teste abrangente e minimizando o risco de defeitos críticos perdidos. Ao selecionar casos de teste com base na sua capacidade de descobrir falhas ou defeitos, a Otimização do Conjunto de Testes permite que os testadores concentrem os seus esforços de teste em áreas de alto risco da base de código, melhorando assim as taxas de deteção de defeitos e a qualidade do software. Esta abordagem proactiva à seleção de casos de teste ajuda a reduzir o risco de os defeitos passarem para a produção, reduzindo a probabilidade de falhas dispendiosas e a insatisfação do cliente.

Além disso, a Test Suite Optimization promove uma cultura de melhoria contínua nas equipas de desenvolvimento de software, fornecendo informações accionáveis sobre a eficácia das práticas de teste. Ao analisar os dados históricos e os resultados dos testes, o Test Suite

Optimization permite às equipas identificar áreas de melhoria, aperfeiçoar as suas estratégias de teste e otimizar os seus processos de teste ao longo do tempo. Esta abordagem orientada por dados para a seleção de casos de teste permite às equipas alcançar uma maior eficiência de teste, uma melhor cobertura de teste e uma melhor qualidade e fiabilidade do software.

Concluindo, a Otimização do Conjunto de Testes, com base na aprendizagem automática, oferece uma abordagem proativa para a seleção de casos de teste que melhora a eficiência, a eficácia e a qualidade do software. Ao aproveitar os dados históricos de teste e os algoritmos de aprendizado de máquina, a Otimização do conjunto de testes permite que os testadores priorizem os casos de teste, simplifiquem o processo de teste e obtenham uma cobertura de teste abrangente com o mínimo de recursos de teste. Nesta secção, aprofundamos os princípios, metodologias e aplicações reais da Otimização do Conjunto de Testes, destacando a sua importância nas práticas modernas de teste de software.

Conclusão

Em conclusão, o capítulo forneceu uma análise abrangente das aplicações da aprendizagem automática nos testes de software, centrando-se na priorização de casos de teste, na previsão de falhas e na otimização de conjuntos de testes. Ao longo da discussão, tornou-se evidente que as técnicas de aprendizagem automática oferecem um potencial significativo para melhorar vários aspectos do processo de teste de software, conduzindo, em última análise, a uma maior eficiência, eficácia e qualidade dos produtos de software.

Em primeiro lugar, a priorização de casos de teste surgiu como uma técnica poderosa para otimizar os esforços de teste, identificando e priorizando casos de teste com base em sua probabilidade de descobrir defeitos críticos. Ao utilizar dados históricos e algoritmos de aprendizagem automática, os testadores podem atribuir recursos de teste de forma mais eficaz, garantindo que os defeitos críticos são detectados no início do processo de teste. Esta abordagem proactiva à deteção de defeitos não só melhora a qualidade do software, como também reduz o tempo e o esforço de teste, melhorando, em última análise, a eficiência global do processo de teste.

Em segundo lugar, a previsão de falhas provou ser uma ferramenta valiosa para identificar potenciais defeitos em módulos ou componentes de software com base em várias métricas de software. Ao analisar padrões em dados históricos de defeitos e métricas de código, os modelos de aprendizagem automática podem prever quais as áreas da base de código com maior probabilidade de conter defeitos, permitindo que os testadores concentrem os seus esforços de teste em áreas de alto risco. Esta abordagem proactiva à deteção de defeitos ajuda a reduzir o risco de propagação dos defeitos para a produção, reduzindo a probabilidade de falhas dispendiosas e a insatisfação dos clientes.

Além disso, a Otimização do Conjunto de Testes surgiu como uma estratégia chave para simplificar o processo de teste e maximizar a eficiência do teste. Ao selecionar um subconjunto de casos de teste que atingem os objectivos de teste desejados, minimizando a redundância, a Otimização do Conjunto de Testes permite que os testadores obtenham uma cobertura de teste abrangente com menos casos de teste. Isto não só reduz o tempo e o esforço de teste, como também melhora a qualidade geral e a fiabilidade dos produtos de software, assegurando que os defeitos críticos são identificados e tratados prontamente.

Além disso, o capítulo destacou a importância de aproveitar os dados históricos dos testes e os algoritmos de aprendizagem automática para melhorar as práticas de teste. Ao analisar os resultados de testes anteriores e identificar padrões indicativos de defeitos, os testadores podem obter informações valiosas sobre a eficácia das suas estratégias de teste e aperfeiçoar os seus processos de teste ao longo do tempo. Esta abordagem dos testes baseada em dados permite que as equipas obtenham uma maior eficiência nos testes, uma melhor cobertura dos testes e uma melhor qualidade e fiabilidade do software.

Em conclusão, a integração da aprendizagem automática nos testes de software oferece oportunidades valiosas para melhorar a eficiência, a eficácia e a qualidade dos testes. Ao tirar partido dos dados históricos e dos algoritmos de aprendizagem automática, os testadores podem dar prioridade aos casos de teste, prever potenciais defeitos e otimizar os conjuntos de testes, melhorando, em última análise, as taxas de deteção de defeitos e reduzindo o tempo e o esforço de teste. À medida que os sistemas de software continuam a crescer em complexidade, a aplicação da aprendizagem automática nos testes de software tornar-se-á cada vez mais essencial, permitindo que as equipas satisfaçam as exigências em evolução do desenvolvimento de software moderno e forneçam produtos de software fiáveis e de alta qualidade aos utilizadores.

Capítulo 7. Manutenção preditiva e monitorização do estado do software

Introdução

No panorama contemporâneo da engenharia de software, a ênfase na manutenção preditiva e na monitorização do estado do software tornou-se fundamental. Este capítulo analisa os princípios fundamentais e as aplicações destas práticas, que são essenciais para garantir a robustez e a fiabilidade dos sistemas de software. A manutenção preditiva, uma abordagem proactiva, envolve a identificação preventiva e a resolução de potenciais defeitos de software antes de estes se materializarem. Por outro lado, a monitorização do estado do software consiste em avaliar continuamente o desempenho do sistema para detetar anomalias e potenciais problemas em tempo real. Ao integrar a análise preditiva, os algoritmos de aprendizagem automática e as ferramentas de monitorização avançadas, os engenheiros de software podem implementar estratégias de manutenção proactivas para otimizar a fiabilidade do sistema e minimizar as interrupções operacionais.

A manutenção preditiva começa com a antecipação de defeitos de software, aproveitando dados históricos e identificando padrões que podem indicar problemas iminentes no sistema. Através da aplicação de algoritmos de aprendizagem automática, os modelos preditivos podem ser treinados para reconhecer estes padrões e fornecer avisos precoces sobre potenciais defeitos, permitindo que os engenheiros tomem medidas preventivas antes que estes se transformem em problemas críticos. Esta abordagem proactiva não só reduz a probabilidade de falhas do sistema, como também melhora a qualidade do software, resolvendo os problemas subjacentes antes que estes afectem os utilizadores finais.

Paralelamente, a monitorização da integridade do software desempenha um papel crucial na manutenção da integridade e do desempenho do sistema, monitorizando continuamente várias métricas, como a utilização dos recursos do sistema, os tempos de resposta e as taxas de erro. As ferramentas de monitorização avançadas fornecem informações em tempo real sobre o comportamento do sistema, permitindo aos engenheiros detetar anomalias, diagnosticar estrangulamentos no desempenho e resolver problemas rapidamente. Ao monitorizar proactivamente a saúde do sistema, os engenheiros podem identificar e resolver potenciais problemas antes que estes afectem a experiência do utilizador, melhorando assim a fiabilidade geral do sistema e minimizando o tempo de inatividade.

As estratégias de manutenção proactiva englobam uma série de medidas preventivas destinadas a otimizar o desempenho do sistema e a minimizar o risco de falhas inesperadas. Estas estratégias podem incluir actualizações regulares do software, manutenção proactiva do sistema e afinação do desempenho com base em informações recolhidas a partir da análise preditiva e da monitorização do estado do software. Ao implementar medidas de manutenção proactivas, as organizações podem mitigar o risco de falhas do sistema, reduzir os custos de manutenção e aumentar a satisfação do utilizador ao garantir o acesso ininterrupto aos serviços de software.

Além disso, a manutenção preditiva e a monitorização do estado do software permitem que as organizações adoptem uma postura proactiva em relação à manutenção do sistema, passando do combate reativo a incêndios para a resolução proactiva de problemas. Ao antecipar potenciais problemas e tomar medidas preventivas, as organizações podem minimizar o impacto dos defeitos do software, reduzir o tempo de inatividade e melhorar a fiabilidade geral do sistema. Esta abordagem proactiva não só aumenta a eficiência operacional, como também promove uma cultura de melhoria contínua e inovação nas equipas de engenharia de software.

Em conclusão, a manutenção preditiva e a monitorização do estado do software representam pilares essenciais das práticas modernas de engenharia de software, permitindo às organizações manter a fiabilidade, o desempenho e a disponibilidade do sistema. Ao tirar partido da análise preditiva, dos algoritmos de aprendizagem automática e das ferramentas de monitorização avançadas, os engenheiros podem antecipar e resolver potenciais problemas antes de estes afectarem os utilizadores finais, aumentando assim a fiabilidade geral do sistema e a satisfação dos utilizadores. À medida que os sistemas de software continuam a evoluir e a aumentar a sua complexidade, a adoção de estratégias de manutenção proactivas tornar-se-á cada vez mais essencial, garantindo a resiliência e a longevidade dos sistemas de software face a desafios e exigências em constante evolução.

7.1 Previsão de defeitos de software

A previsão de defeitos de software é um aspeto fundamental das estratégias de manutenção pró-ativa, com o objetivo de antecipar e prevenir potenciais problemas antes de estes se manifestarem como problemas críticos. Aproveitando os dados históricos, os algoritmos de aprendizagem automática e a análise preditiva, os engenheiros de software podem desenvolver modelos que prevêem a probabilidade de ocorrência de defeitos no sistema de software. Estes modelos preditivos analisam vários factores, como a complexidade do código, os padrões de defeitos e as métricas de desenvolvimento, para identificar sinais de alerta precoce de potenciais defeitos e fornecer informações accionáveis para reduzir os riscos.

Os algoritmos de aprendizagem automática desempenham um papel crucial na previsão de defeitos de software, analisando padrões e correlações em dados históricos para identificar factores associados à ocorrência de defeitos. Através de técnicas como a classificação e a regressão, os modelos preditivos podem aprender com instâncias de defeitos anteriores e prever a probabilidade de ocorrência de defeitos em módulos ou componentes específicos do software. Ao tirar partido destas capacidades de previsão, os engenheiros podem dar prioridade aos esforços de teste, atribuir recursos de forma eficaz e implementar medidas preventivas para resolver potenciais problemas antes que estes afectem a fiabilidade do sistema.

Além disso, os modelos preditivos de defeitos de software permitem que as organizações adoptem uma abordagem proactiva à gestão de defeitos, passando da correção reactiva de erros para a prevenção preventiva de defeitos. Ao identificar áreas potencialmente propensas a defeitos no início do ciclo de vida do desenvolvimento, os engenheiros podem implementar revisões de código direccionadas, esforços de refacção e actividades de teste adicionais para resolver problemas subjacentes antes que estes se transformem em defeitos críticos. Esta prevenção proactiva de defeitos não só reduz a probabilidade de os defeitos se propagarem para a produção, como também melhora a qualidade e a fiabilidade globais do software.

Além disso, os modelos preditivos de defeitos de software fornecem informações valiosas sobre as causas principais dos defeitos, permitindo que as organizações abordem os problemas subjacentes e melhorem os processos de desenvolvimento de forma iterativa. Ao analisar padrões na ocorrência de defeitos e correlacioná-los com métricas de desenvolvimento, as organizações podem identificar áreas de melhoria, implementar melhorias de processo direccionadas e acompanhar o progresso ao longo do tempo. Esta abordagem orientada por dados à gestão de defeitos promove uma cultura de melhoria contínua nas equipas de desenvolvimento de software, onde as lições aprendidas com defeitos passados são utilizadas para aperfeiçoar as práticas de desenvolvimento e melhorar a qualidade do software.

Além disso, os modelos preditivos de defeitos de software permitem que as organizações otimizem a alocação de recursos e os esforços de teste, concentrando-se em áreas de alto risco da base de código. Ao priorizar as atividades de teste com base nas probabilidades de defeito previstas, as organizações podem atingir taxas mais altas de deteção de defeitos com menos recursos, reduzindo assim o tempo e o esforço de teste, mantendo ou até mesmo melhorando a cobertura do teste. Isso permite que as organizações aloquem recursos de forma mais eficaz, simplifiquem o processo de teste e melhorem a eficiência e a eficácia geral do teste.

Em conclusão, a previsão de defeitos de software utilizando técnicas de aprendizagem automática oferece oportunidades valiosas para as organizações adoptarem estratégias de manutenção proactivas e melhorarem a qualidade e a fiabilidade do software. Ao tirar partido dos dados históricos, dos algoritmos de aprendizagem automática e da análise preditiva, as organizações podem antecipar potenciais defeitos, dar prioridade aos esforços de teste e implementar medidas preventivas para resolver problemas subjacentes antes que estes afectem a fiabilidade do sistema. À medida que os sistemas de software continuam a aumentar a sua complexidade, a adoção de modelos de previsão de defeitos tornar-se-á cada vez mais essencial, permitindo às organizações reduzir os riscos, melhorar os processos de desenvolvimento e fornecer aos utilizadores produtos de software fiáveis e de elevada qualidade.

7.2 Monitorização do desempenho do sistema

A monitorização do desempenho do sistema é essencial para garantir o funcionamento ótimo dos sistemas de software e identificar preventivamente potenciais problemas que possam afetar a experiência do utilizador. Através da avaliação contínua de várias métricas, como a utilização de recursos do sistema, os tempos de resposta e as taxas de erro, os engenheiros podem obter informações valiosas sobre a saúde e o desempenho do sistema. Esta abordagem proactiva à monitorização permite a deteção precoce de anomalias ou da degradação do desempenho, permitindo uma intervenção atempada para reduzir os riscos e manter a fiabilidade do sistema.

As ferramentas e técnicas de monitorização avançadas fornecem visibilidade em tempo real do comportamento do sistema, permitindo que os engenheiros acompanhem os principais indicadores de desempenho e identifiquem desvios das normas esperadas. Ao definir alertas e limiares, os engenheiros podem receber notificações quando os indicadores de desempenho excedem os limiares predefinidos, permitindo-lhes tomar medidas correctivas imediatamente. Esta abordagem de monitorização proactiva ajuda a evitar o tempo de inatividade do sistema, as interrupções de serviço e a insatisfação dos utilizadores, resolvendo as questões de desempenho antes de se transformarem em problemas críticos.

Além disso, a monitorização do desempenho do sistema permite às organizações otimizar a atribuição de recursos e a gestão da infraestrutura, identificando áreas de ineficiência ou sobreutilização. Ao analisar as métricas de desempenho, os engenheiros podem identificar estrangulamentos, otimizar a atribuição de recursos e dimensionar os recursos da infraestrutura de forma dinâmica para satisfazer a procura em constante mudança. Esta gestão proactiva de recursos garante que o sistema funciona de forma eficiente e fiável, mesmo em condições de carga de trabalho variáveis, melhorando assim a experiência do utilizador e minimizando as interrupções operacionais.

Além disso, a monitorização do desempenho do sistema facilita o planeamento da capacidade e a manutenção preditiva, fornecendo informações sobre os futuros requisitos de recursos e potenciais desafios de escalabilidade. Ao analisar dados históricos de desempenho e prever a procura futura, os engenheiros podem antecipar restrições de capacidade, planear actualizações ou expansões da infraestrutura e garantir que o sistema continua a ser capaz de suportar cargas de trabalho crescentes. Esta abordagem proactiva ao planeamento da capacidade ajuda as organizações a evitar a escassez de recursos, a degradação do desempenho e as interrupções de serviço, mantendo assim a fiabilidade do sistema e a satisfação do utilizador.

Além disso, a monitorização do desempenho do sistema permite às organizações cumprir os acordos de nível de serviço (SLA) e atingir os objectivos de desempenho, assegurando que o sistema cumpre os limites de desempenho predefinidos e as normas de qualidade do serviço. Ao monitorizar continuamente as métricas de desempenho e compará-las com os requisitos dos SLA, as organizações podem identificar áreas de não conformidade e tomar medidas correctivas para resolver prontamente os problemas de desempenho. Esta abordagem proactiva à gestão de SLA ajuda a manter a satisfação do cliente, a criar confiança e a manter a reputação da organização em termos de fiabilidade e qualidade do serviço.

Em conclusão, a monitorização do desempenho do sistema é essencial para manter a fiabilidade, a eficiência e a disponibilidade dos sistemas de software. Ao avaliar continuamente as métricas de desempenho e ao identificar proactivamente potenciais problemas, as organizações podem garantir o funcionamento ideal do sistema, minimizar o tempo de inatividade e aumentar a satisfação do utilizador. À medida que os sistemas de software continuam a evoluir e a aumentar a sua complexidade, a adoção de práticas proactivas de monitorização do desempenho tornar-se-á cada vez mais essencial, permitindo que as organizações satisfaçam as exigências dos ambientes digitais modernos e forneçam produtos e serviços de software fiáveis e de alta qualidade aos utilizadores.

7.3 Estratégias de manutenção proactiva

As estratégias de manutenção pró-ativa são cruciais para garantir a fiabilidade, o desempenho e a longevidade dos sistemas de software, antecipando e resolvendo potenciais problemas antes que estes se transformem em problemas críticos. Estas estratégias englobam uma série de medidas preventivas destinadas a otimizar o desempenho do sistema, minimizar o tempo de inatividade e aumentar a satisfação do utilizador. Ao adotar estratégias de manutenção proactivas, as organizações podem reduzir os riscos, melhorar a eficiência operacional e manter uma vantagem competitiva no atual panorama digital acelerado.

Uma das principais estratégias de manutenção pró-ativa são as actualizações e correcções regulares do software, que envolvem a instalação atempada de correcções de segurança, correcções de erros e melhorias de desempenho para resolver vulnerabilidades conhecidas e melhorar a estabilidade do sistema. Ao manter os sistemas de software actualizados com as últimas actualizações e correcções, as organizações podem minimizar o risco de violações de segurança, erros de software e falhas do sistema, garantindo assim a fiabilidade e a segurança dos seus produtos e serviços de software.

Outra estratégia de manutenção proactiva é a manutenção proactiva do sistema, que envolve a monitorização regular, a afinação e a otimização dos recursos do sistema para evitar a degradação do desempenho e garantir o funcionamento ideal do sistema. Ao monitorizar os principais indicadores de desempenho, como a utilização da CPU, a utilização da memória e as E/S do disco, as organizações podem identificar potenciais estrangulamentos e ineficiências e tomar medidas correctivas para otimizar a atribuição de recursos e melhorar o desempenho do sistema.

Além disso, as estratégias de manutenção proactiva incluem a afinação e a otimização do desempenho, que envolvem a afinação dos parâmetros do sistema, o ajuste das definições de configuração e a otimização dos algoritmos para melhorar o desempenho e a eficiência do sistema. Ao analisar as métricas de desempenho e identificar áreas de melhoria, as organizações podem otimizar o desempenho do sistema, reduzir os tempos de resposta e melhorar a experiência do utilizador, mantendo assim a fiabilidade do sistema e a satisfação do utilizador.

Além disso, as estratégias de manutenção proactiva abrangem medidas preventivas, como cópias de segurança regulares, planeamento da recuperação de desastres e configurações de redundância para garantir a integridade dos dados e a disponibilidade do sistema em caso de falhas de hardware, corrupção de dados ou desastres naturais. Ao implementar mecanismos robustos de cópia de segurança e recuperação, as organizações podem minimizar a perda de dados e o tempo de inatividade, garantindo a continuidade do negócio e atenuando o impacto de eventos imprevistos nas operações do sistema.

Além disso, as estratégias de manutenção pró-ativa envolvem a monitorização e análise contínuas do estado do sistema e das métricas de desempenho para identificar potenciais problemas de forma pró-ativa e tomar medidas preventivas para os resolver antes que afectem a fiabilidade do sistema ou a experiência do utilizador. Ao utilizar ferramentas e técnicas de monitorização avançadas, as organizações podem obter informações em tempo real sobre o comportamento do sistema, detetar anomalias e identificar tendências de desempenho, permitindo uma intervenção proactiva para reduzir os riscos e manter a fiabilidade do sistema.

Em conclusão, as estratégias de manutenção proactiva são essenciais para garantir a fiabilidade, o desempenho e a longevidade dos sistemas de software no dinâmico panorama digital atual. Ao adotar medidas de manutenção proactivas, como actualizações regulares, manutenção proactiva do sistema, afinação do desempenho e monitorização contínua, as organizações podem minimizar os riscos, otimizar o desempenho do sistema e aumentar a satisfação do utilizador. À medida que os sistemas de software continuam a evoluir e a aumentar a sua complexidade, a adoção de estratégias de manutenção proactiva tornar-se-á cada vez mais essencial, permitindo às organizações satisfazer as exigências dos ambientes digitais modernos e fornecer produtos e serviços de software fiáveis e de alta qualidade aos utilizadores.

Conclusão

Em conclusão, este capítulo forneceu uma exploração abrangente da manutenção preditiva e da monitorização da saúde do software, destacando a sua importância crítica para garantir a fiabilidade, o desempenho e a longevidade dos sistemas de software. Ao longo da discussão, aprofundámos várias estratégias de manutenção proactiva destinadas a antecipar e a resolver potenciais problemas antes que estes se transformem em problemas críticos. Desde a previsão de defeitos de software à monitorização do desempenho do sistema e à implementação de medidas de manutenção proactivas, as organizações podem adotar uma postura proactiva em relação à manutenção do sistema, reduzindo o tempo de inatividade, optimizando a atribuição de recursos e aumentando a satisfação do utilizador.

As estratégias de manutenção preditiva, alimentadas por aprendizagem automática e análise preditiva, permitem às organizações antecipar potenciais defeitos e tomar medidas preventivas para resolver problemas subjacentes antes que estes afectem a fiabilidade do sistema. Ao analisar dados históricos, identificar padrões e prever resultados futuros, as organizações podem priorizar os esforços de teste, alocar recursos de forma eficaz e implementar medidas preventivas para minimizar os riscos e manter a qualidade do software.

Da mesma forma, a monitorização da integridade do software fornece informações em tempo real sobre o desempenho do sistema, permitindo que as organizações detectem anomalias, diagnostiquem estrangulamentos no desempenho e resolvam problemas prontamente. Através da monitorização contínua dos principais indicadores de desempenho e da definição de alertas, as organizações podem identificar e resolver proactivamente potenciais problemas antes que estes afectem a experiência do utilizador, minimizando assim o tempo de inatividade e mantendo a fiabilidade do sistema.

Além disso, as estratégias de manutenção proactiva abrangem uma série de medidas preventivas, incluindo actualizações regulares do software, manutenção proactiva do sistema, afinação do desempenho e monitorização contínua. Ao implementar estas medidas, as organizações podem otimizar o desempenho do sistema, minimizar o tempo de inatividade e aumentar a satisfação do utilizador, garantindo um acesso ininterrupto aos serviços de software.

Além disso, as estratégias de manutenção proactiva permitem às organizações cumprir os acordos de nível de serviço (SLA) e atingir os objectivos de desempenho, assegurando que o sistema cumpre os limites de desempenho predefinidos e as normas de qualidade do serviço. Ao monitorizar continuamente as métricas de desempenho e ao compará-las com os requisitos dos SLA, as organizações podem identificar áreas de não conformidade e tomar medidas correctivas prontamente, mantendo assim a satisfação do cliente e defendendo a reputação da organização em termos de fiabilidade e qualidade do serviço.

Em conclusão, as estratégias de manutenção proactiva são essenciais para garantir a fiabilidade, eficiência e disponibilidade dos sistemas de software no dinâmico panorama digital atual. Ao adotar uma abordagem proactiva à manutenção, as organizações podem minimizar os riscos, otimizar o desempenho do sistema e aumentar a satisfação do utilizador, fornecendo, em última análise, produtos e serviços de software fiáveis e de alta qualidade aos utilizadores. À medida que os sistemas de software continuam a evoluir e a aumentar a sua complexidade, a adoção de estratégias de manutenção proactivas tornar-se-á cada vez mais essencial, permitindo às organizações satisfazer as exigências dos ambientes digitais modernos e manter uma vantagem competitiva no mercado.

8. Bibliografia

1. F. Khomh, B. Adams, J. Cheng, M. Fokaefs e G. Antoniol, "Software Engineering for Machine-Learning Applications: The Road Ahead", em IEEE Software, vol. 35, no. 5, pp. 81-84, setembro/outubro de 2018, doi: 10.1109/MS.2018.3571224.

2. K. Singla, J. Bose e C. Naik, "Análise da engenharia de software para projectos ágeis de aprendizagem automática", 2018 15th IEEE India Council International Conference (INDICON), Coimbatore, Índia, 2018, pp. 1-5, doi: 10.1109/INDICON45594.2018.8987154.

3. S. Chenoweth e P. K. Linos, "Crafting an Undergraduate Course at the Intersection of Machine Learning and Software Engineering," 2022 IEEE Frontiers in Education Conference (FIE), Uppsala, Suécia, 2022, pp. 1-5, doi: 10.1109/FIE56618.2022.9962523.

4. N. Ayesha e N. G. Yethiraj, "Revisão do sistema proficiente de exame de código em engenharia de software usando a abordagem de aprendizado de máquina", Conferência Internacional de 2018 sobre Pesquisa Inventiva em Aplicações de Computação (ICIRCA), Coimbatore, Índia, 2018, pp. 324-327, doi: 10.1109/ICIRCA.2018.8597382.

5. O. Bombiri, P. Poda e T. F. Ouedraogo, "Application of Machine Learning in Software Quality: a Mini-review," 2023 IEEE Multi-conference on Natural and Engineering Sciences for Sahel's Sustainable Development (MNE3SD), Bobo-Dioulasso, Burkina Faso, 2023, pp. 1-7, doi: 10.1109/MNE3SD57078.2023.10079800.

Printed by Books on Demand GmbH, Norderstedt / Germany